Röhrentechnik für Einsteiger

Gerd Weichhaus

RÖHRENTECHNIK FÜR EINSTEIGER

Impressum

Bibliografische Information der Deutschen Nationalbibliothek:
Die Deutsche Nationalbibliothek verzeichnet diese Publikation in der Deutschen Nationalbibliografie; detaillierte bibliografische Daten sind im Internet über http://dnb.dnb.de abrufbar.

Autor und Verlag übernehmen für die Richtigkeit aller Angaben und Hinweise sowie für Druckfehler keinerlei Haftung, eine Haftung des Autors oder Verlages für Personen- oder Sachschäden ist ausgeschlossen.

Herstellung und Verlag: BoD – Books on Demand, Norderstedt

ISBN: 978-3-7526-4854-6

Vorwort

Wer kennt sie nicht, die guten alten Röhrenradios? Es sind jene Radios aus den fünfziger und sechziger Jahren mit der kleinen Klaviertastatur, der großen und schön beleuchteten Skala und dem Magischen Auge. Auf viele Menschen übt diese alte Technik eine große Anziehungskraft und eine gewisse Faszination aus, und das völlig zu Recht. Schließlich wurden elektronische Geräte wie etwa Radios, Tonbandgeräte und Plattenspieler sowie Fernsehgeräte einmal ganz anders gebaut, als man dies heute kennt. Viele Elektronikbastler besinnen sich wieder auf die alte Technik und wenden sich mit großem Interesse der Röhrentechnik zu.

Viele Bastler scheuen sich allerdings auch vor der ihnen unbekannten Technik und den vielen luftleer gepumptem Glaskolben mit seltsamen Gebilden in ihrem Innenraum, weil sie nicht wissen, was sie damit überhaupt anfangen sollen und was diese Bauteile machen bzw. wie sie funktionieren. Mit diesem Buch soll sich genau dies ändern. Es soll Ihnen die anfängliche Scheu vor der historischen, dafür aber auch heute noch (oder vielleicht gerade heute) interessanten Röhrentechnik etwas nehmen und möglicherweise Ihr Interesse an der Röhrentechnik wecken, sofern dies nicht ohnehin schon geschehen ist.

Es geht um einfache Fragen wie solche, warum die Röhrentechnik überhaupt heute noch Sinn macht und vor allem, welche Unterschiede zu Halbleiterbauteilen bestehen. Neben der Vorstellung der Grundlagen folgen auch ein paar geschichtliche Aspekte, die sicher nicht ganz uninteressant sind.

Nach einiger Theorie am Anfang soll es auch um die ersten praktischen Erfahrungen mit der Röhrentechnik gehen. Wie werden beispielsweise Elektronenröhren getestet? Woran erkennt man defekte Röhren und was ist der Unterschied zwischen Dioden (und damit meine ich nicht die Halbleiterbauteile), Trioden, Pentoden und so weiter. Sie werden die gängigsten Röhrentypen kennenlernen und erfahren, wie Sie diese auch in eigenen Schaltungen einsetzen können. Wenn Sie noch gar nicht mit der Röhrentechnik vertraut sind, wird Ihnen einiges gerade zu Beginn etwas fremd vorkommen. Trotzdem gibt es viele Gemeinsamkeiten mit der inzwischen fast ausschließlich eingesetzten Halbleitertechnik. Aus diesem Grunde finden Sie noch einige Vergleiche zwischen Bausteinen wie zum Beispiel Elektronenröhren und Dioden oder Elektronenröhren und Transistoren, die zum Teil gleiche Einsatzgebiete haben.

Zu guter Letzt gibt es noch darum, wie Sie an alte oder neue Elektronenröhren herankommen, um diese in eigenen Schaltungen einzusetzen. Eins möchte ich allerdings zum Schluss dieser Einleitung noch anmerken: Es geht in diesem Buch nicht darum, exzellente Röhrenverstärker mit fantastischen Eigenschaften aufzubauen, die mehrere 1000 Euro wert sind und die sich nur gut betuchte Menschen leisten können. Hier geht es mehr um die Grundlagen und um die doch relativ einfache Funktionsweise von Elektronenröhren an sich und um möglichst einfache Anwendungsgebiete und Basteleien sowie um den Aufbau und die Technik von alten Röhrengeräten. Außerdem werden Sie erfahren, dass und vor allem wie sich Elektronenröhren auch bei relativ geringen elektrischen Spannungen einsetzen lassen. Schließlich schreckt viele Elektronikbastler die Röhrentechnik auch wegen der dort verwendeten hohen Spannungen in Höhe von mehreren 100 Volt ab.

Es geht aber auch anders, beispielsweise mit geringen und ungefährlichen Spannungen in Höhe von zwölf oder bis hin zu einigen zehn Volt. Selbst einige, ursprünglich nicht für solch niedrige Spannungen gebaute Elektronenröhren lassen sich auch an wesentlich geringeren Betriebsspannungen verwenden.

Noch einige Worte, bevor es an die Theorie und Praxis geht:

Um mit den Inhalten dieses Buches zurechtzukommen, sollten Sie über gewisse Grundkenntnisse im Bereich der Elektronik verfügen. So sollten Sie beispielsweise wissen, was eine Diode oder ein Transistor ist und die Eigenheiten des elektronischen Stromkreises kennen. Im besten Falle sind Sie ein interessierter Elektronikbastler mit einigen Kenntnissen im Bereich der Elektronik, sowohl theoretisch als auch praktisch, und möchten die ersten Erfahrungen mit der Technik der Elektronenröhren machen.

Hier werden hauptsächlich Informationen zur Röhrentechnik und zum Teil auch zur Elektronik im Allgemeinen vermittelt. Trotzdem richtet sich das Buch an Menschen mit Elektronikkenntnissen und nicht an absolute Laien auf diesem Gebiet. Es enthält zwar zahlreiche Informationen, welche auch für den Nichttechniker interessant sein dürften, diese machen jedoch nur einen recht geringen Teil des Buches aus. Die meisten Kapitel und Abschnitte setzen Kenntnisse im Bereich der Elektronik voraus.

Inhalt

Sicherheitshinweise

Denken Sie auch beim schönsten Hobby immer zuerst an die eigene Sicherheit. Solange Sie mit den Elektronenröhren Ihre Schaltungen aufbauen, die mit nur geringen Spannungen von 12 Volt arbeiten, besteht keine besondere Gefahr. Allerdings wird sich dies wahrscheinlich irgendwann einmal ändern, spätestens dann, wenn Sie beginnen, alte Röhrengeräte wie Radios, Tonbandgeräte oder Verstärker zu reparieren. Spätestens dann haben Sie es mit viel höheren Spannungen zu tun, die auch lebensgefährlich sind. Denken Sie immer an den Hinweis, der auf der Rückwand steht:

Vor dem Öffnen den Netzstecker ziehen.

Hinzu kommt noch, dass die alten elektronischen Geräte meistens nicht die Sicherheitsstandards aufweisen, welche man heute kennt. So besitzen viele alte Röhrenradios beispielsweise keinen Netztransformator, der die wichtige Netztrennung herstellt. Es kann durchaus sein, dass das Chassis eines alten Röhrengerätes je nach Polarität des Netzsteckers die volle Netzspannung führt, eine Berührung ist demnach lebensgefährlich. Sollten Sie später einmal beabsichtigen, solche alten Geräte zu reparieren und möglicherweise im geöffneten Zustand in Betrieb zu nehmen, denken Sie unbedingt immer zuerst an die eigene Sicherheit. Es kann von Seiten des Autors oder Verlages keinerlei Haftung für Schäden an Personen, Geräten oder sonstigen Dingen übernommen werden.

Setzen Sie sich unbedingt mit den entsprechenden Sicherheitsmaßnahmen oder Sicherheitsvorschriften auseinander, bevor Sie sich mit der Reparatur und den Betrieb von elektrischen oder elektronischen Geräten beschäftigen.

Noch einige notwendige Hinweise:

Das vorliegende Buch wurde mit großer Sorgfalt geschrieben, die darin enthaltenen Informationen wurden nach bestem Wissen und Gewissen erarbeitet und, soweit möglich, in praktischen Versuchen überprüft. Dennoch übernehmen der Autor und der Verlag für die Richtigkeit sämtlicher Angaben oder Hinweise keine Haftung, ebenso wenig für eventuelle Druckfehler.

Kapitel 1: Elektronenröhren und Halbleiter

In den ersten Abschnitten geht es unter anderem um den direkten Vergleich zwischen Halbleiterbauteilen und Elektronenröhren. Sie erfahren etwas über die Unterschiede zwischen einer Röhrendiode und einer Halbleiterdiode sowie zwischen einer Röhre und einem Transistor als Verstärkerbauteil. Jeweils beide Bauarten, sowohl die Halbleiter als auch die Elektronenröhren, haben ähnliche Einsatzgebiete, dafür aber auch ihre Eigenheiten. Außerdem erfahren Sie mehr über die Vor- und Nachteile beider Gruppen von elektronischen Bauteilen, über die Funktionsweise der Elektronenröhren und lernen ein erstes Beispiel für eine Schaltung mit Elektronenröhren kennen. Ein ebenfalls wichtiger Punkt ist doch der, dass Elektronenröhren sich sehr oft auch bereits bei relativ geringen Spannungen einsetzen lassen.

1.1 Röhrendiode statt Halbleiterdiode, Triode statt Transistor

Eine Diode lässt den Strom nur in einer Richtung fließen. Dies gilt für eine Halbleiterdiode genauso wie für eine Röhrendiode. Ein Transistor wird eingesetzt, um mit kleinen Signalströmen höhere Lastströme zu steuern. Diese Funktion ähnelt der einer Röhrentriode, die ebenfalls eingesetzt wird, um kleine Signale zu verstärken, beispielsweise in Verstärkerschaltungen, die Audiosignale verstärken sollen. Man könnte also sagen, dass eine Röhrentriode die Funktion eines Transistors übernehmen kann, genauso wie ein Röhrendiode die Funktion einer Halbleiterdiode erfüllen kann.

Genauso ist es im Prinzip auch, allerdings müsste es aus geschichtlichen Gründen eher andersherum genannt werden. Die Transistoren wurden erst wesentlich später als Verstärkerröhren erfunden, um schließlich deren Funktion zu übernehmen. Bei den Halbleiterdioden kann dies so nicht ohne Weiteres gesagt werden. Schließlich gab es schon vor dem praktischen Einsatz der Verstärkerröhren oder Röhrendioden Halbleitermaterialien, die zu einem ähnlichen Zweck wie Dioden eingesetzt wurden, nämlich die Detektoren, wie diese in der Anfangszeit des Rundfunks für Radiogeräte einfachster Bauart verwendet worden sind. Doch darum soll es hier an dieser Stelle gar nicht gehen. Hier geht es mehr um den direkten Vergleich zwischen der Röhrentechnik und der Halbleitertechnik. Wo liegen die Unterschiede zwischen der Verwendung von beispielsweise Röhrendioden und Halbleiterdioden oder Transistoren und Trioden? Dazu folgen nun ein paar Beispiele.

1.2 Dioden und Dioden

Wie Sie schon erfahren haben (und sofern Sie dies nicht ohnehin schon wussten), gibt es Dioden sowohl als Halbleiter als auch als Röhren. In Abbildung 1.1 sehen Sie die Schaltbilder beider Dioden.

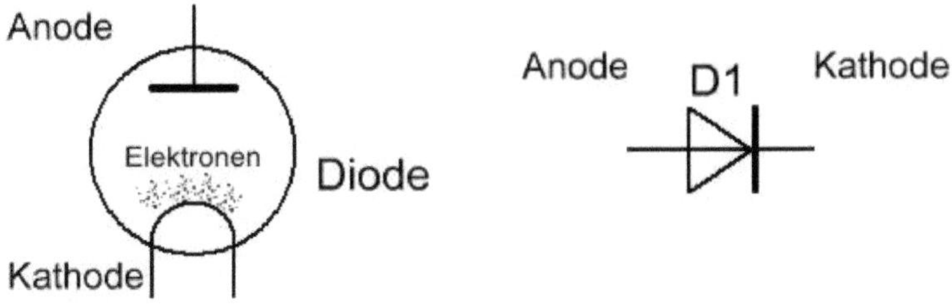

1.2.1 Röhrendiode (links) und Halbleiterdiode (rechts)

Die Röhrendiode hat, genauso wie die Halbleiterdiode, eine Kathode und eine Anode. Die Kathode ist im Gegensatz zu der einer Halbleiterdiode elektrisch beheizt. Dies führt dazu, dass sich von der Kathode Elektronen lösen, winzigste Elementarteilchen, welche sich im luftleeren Glaskolben der Elektronenröhre bewegen können. Liegt an der Anode eine positive Spannung an, werden die negativ aufgeladenen Elektronen von dieser angezogen. Es kommt zu einem Stromfluss von der Kathode zur Anode. Der Strom kann nur in dieser Richtung fließen, genauso wie bei einer herkömmlichen Halbleiterdiode. Hier fließt der Strom ebenfalls nur in einer Richtung, während das Bauteil in der anderen Richtung den Stromfluss sperrt.

1.3 Die technische und die physikalische Stromrichtung

Spätestens an dieser Stelle sollte auf einen sehr wichtigen Umstand hingewiesen werden, der essenziell für das Verständnis des Stromflusses innerhalb einer Röhrendiode und einer Halbleiterdiode (später natürlich auch für den Stromfluss in anderen Röhrentypen) ist. Wenn Sie sich schon eine Weile mit der Elektronik beschäftigen, wissen Sie von zwei Stromrichtungen, nämlich der technischen und der physikalischen Stromrichtung. Die technische bzw. die konventionelle Stromrichtung bezeichnet den Stromfluss von Plus nach Minus, im Beispiel mit der Diode würde der Strom anhand der technischen Stromrichtung also von der Anode zur Kathode fließen. Diese Stromrichtung stammt noch aus einer Zeit, in der man den Atomaufbau und die Elektronenbewegung innerhalb eines Stromkreises noch nicht kannte. Man ging einfach davon aus, dass die Ladungsträger sich von einem positiven zu einem negativen Pol der Spannungsquelle bewegen. Der Pluspol sollte den Ladungsüberschuss kennzeichnen, der Minuspol das genaue Gegenteil. Diese technische Stromrichtung wird bis heute noch verwendet, nämlich in Schaltbildern sowie in einigen anderen technischen Unterlagen. Deshalb zeigt auch der Pfeil im Schaltbild der Diode die technische Stromrichtung an, nämlich von der Anode zur Kathode. Tatsächlich bewegen sich die Elektronen jedoch genau in der entgegengesetzten Richtung, wie auch der Aufbau bzw. das Schaltbild der Röhrendiode zeigt. Die Elektronen lösen sich von der beheizten Kathode und bewegen sich beim Anlegen einer Spannung zur Anode. Diese Stromrichtung sollten Sie ebenfalls kennen, da sie beim Verständnis der Röhrentechnik eine wesentliche Rolle spielt. Merken Sie sich also Folgendes, sofern Sie die beiden Stromrichtungen noch nicht kennen:

Technische Stromrichtung: Plus → Minus

Physikalische Stromrichtung: Minus → Plus

In einem Stromkreis bewegen sich die negativ geladenen Elektronen vom Minuspol einer Spannungsquelle zum Pluspol. Der tatsächliche Elektronenüberschuss herrscht also am Minuspol der Spannungsquelle.

In einer Röhrendiode kann ein Stromfluss überhaupt nur dann entstehen, wenn die Kathode beheizt wird. Ist dies nicht der Fall, fließt auch kein Strom. Die Einsatzgebiete der Röhrendioden ähneln denen der heute gebräuchlicheren Halbleiterdioden. Früher wurden Röhrendioden beispielsweise in Radio- oder Fernsehgeräten eingesetzt, um eine Wechselspannung (die Netzspannung aus der Steckdose) in eine für die Elektronik des Gerätes benötigte Gleichspannung umzuwandeln. Ebenso kamen sie in verschiedenen Radioempfangsgeräten als Demodulator zum Einsatz, eine Schaltung zur Rückgewinnung des Modulationssignals (beispielsweise des Tons bei einer Radioübertragung) von einem auf der Senderseite modulierten, hochfrequenten Signal.

1.4 Wie die Röhrendiode entstand

Viele moderne Erfindungen entstanden aus dem Zufall heraus. So war es auch bei der Röhrendiode, die bei einem Versuch von Thomas Alva Edison das erste Mal gebaut wurde. Bei einem Experiment mit einer Glühlampe brachte er eine zusätzliche Elektrode (die Anode) in den Glaskolben einer Glühlampe ein und entdeckte, dass es zu einem Elektronenfluss vom Glühfaden zu diesem Metallstück kam, dieser Strom allerdings nur in eine Richtung fließen konnte. Er ließ sich diesen Effekt sogar patentieren, ohne überhaupt zu wissen, wozu dieser einmal genutzt werden könnte. Erst später entdeckte ein Angestellter von Edison, dass dieser Effekt verwendet werden konnte, um schwache Radiosignale nachzuweisen.

1.5 Eine Röhrendiode in Betrieb nehmen

Die Inbetriebnahme einer Röhrendiode ist ebenso einfach wie deren Funktion. Um einen einfachen Test durchführen zu können, benötigen Sie lediglich eine Spannungsquelle, einen Indikator für den Stromfluss und natürlich eine Röhrendiode samt Sockel. Für diesen Versuch habe ich mich für die EABC80 entschieden, da diese sehr häufig in alten Radios zu finden ist. Es handelt sich hier um keine reine Röhrendiode, sondern um eine so genannte Verbundröhre, also eine Elektronenröhre, die mehrere Systeme enthält (dazu später mehr). Sie erkennen dies an den verschiedenen Buchstaben, aus denen die Typenbezeichnung besteht. Der erste Buchstabe (E) steht übrigens für die Heizspannung in Höhe von 6,3 Volt. Die folgenden drei Buchstaben bezeichnen eine Diode (A), eine Doppeldiode (D) und eine Triode (C). Die Zahl gibt Auskunft unter anderem über den Sockel der Elektronenröhre. In diesem Fall handelt es sich um einen so genannten Novalsockel mit neun Anschlüssen, von denen für diesen einfachen Versuch aber nur wenige benötigt werden. Ich habe die entsprechenden Anschlüsse im Schaltbild in Abbildung 1.5.1 gekennzeichnet. Die Anschlüsse bzw. deren Nummerierung werden übrigens von unten gesehen auf die Röhre bzw. deren Sockel im Uhrzeigersinn gezählt, und zwar beginnend mit Pin 1, welcher sich links vom größeren Abstand zwischen zwei der Anschlüsse befindet. Mehr Informationen zu den Röhrenbezeichnungen und den Sockelbelegungen finden Sie übrigens in den nachfolgenden Kapiteln. Doch sehen Sie sich zunächst das Schaltbild für diesen einfachen Versuch in Abbildung 1.5.1 an:

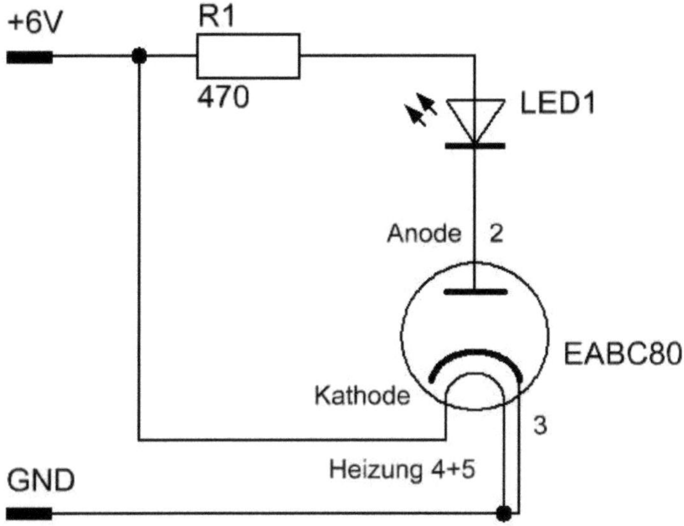

1.5.1 Einfache Schaltung zum Testen einer Röhrendiode

Die Spannungsquelle dient gleichzeitig auch als Heizspannung für die Röhrendiode und als Anodenspannung, um den Aufbau dieser Schaltung möglichst einfach zu halten. Die Spannung in Höhe von 6 Volt reicht aus, um die Leuchtdiode aufleuchten zu lassen. Der Strom fließt über den Widerstand R1 und die Leuchtdiode LED1 zur Anode der Elektronenröhre und über die Kathode an Masse. Sobald die Heizung der Elektronenröhre aktiviert wird und die Röhre ein paar Sekunden lang aufgeheizt ist, beginnt die Leuchtdiode zu leuchten. Wenn Sie möchten, bauen Sie diesen Versuch selbst auf und probieren Sie aus, was passiert, wenn Sie die Anschlüsse für die Anode und die Kathode vertauschen oder während der eingeschalteten Versorgungsspannung die Heizung von der Stromquelle trennen. Sie werden feststellen, dass der Strom über eine Halbleiterdiode nur in eine Richtung fließt und der Stromfluss langsam versiegt, wenn Sie die Heizung abschalten. Allerdings dauert es dann einige Sekunden, bis die Leuchtdiode schwächer wird und schließlich ganz erlischt. In der folgenden Abbildung 1.5.2 sehen Sie einen Versuchsaufbau für diese Schaltung auf einem Steckboard:

1.5.2 Aufbau der Testschaltung auf dem Steckboard

Wenn Sie diesen einfachen Versuch durchgeführt haben, kennen Sie bereits einen wesentlichen Unterschied zur Halbleitertechnik, nämlich die Notwendigkeit der Heizspannung. Die Bereitstellung dieser Spannung sollte bei jeder Schaltung berücksichtigt werden. Hier wurde der Einfachheit halber eine einzige Spannungsquelle für die eigentliche Schaltung und die Bereitstellung der Heizspannung verwendet. Dies ist jedoch nicht immer möglich. Häufig werden getrennte Spannungsquellen für beide Bereiche benötigt. Für diesen einfachen Versuch und einige der folgenden Aufbauten genügt jedoch eine einzige Spannungsquelle, um die Versuche möglichst einfach zu halten.

1.6 Triode statt Transistor

Die Triode dient wie ein Transistor dazu, mithilfe eines geringen Steuersignals einen wesentlich höheren Laststrom zu steuern. Der folgende Versuchsaufbau soll Ihnen dies zeigen. Hier wird eine einfache Röhrendiode verwendet, um den Stromfluss durch eine Leuchtdiode zu steuern. Es wurde die gleiche Röhre wie beim vorigen Versuch verwendet, nämlich die EABC80, die neben der Diode und der Doppeldiode auch eine Triode enthält.

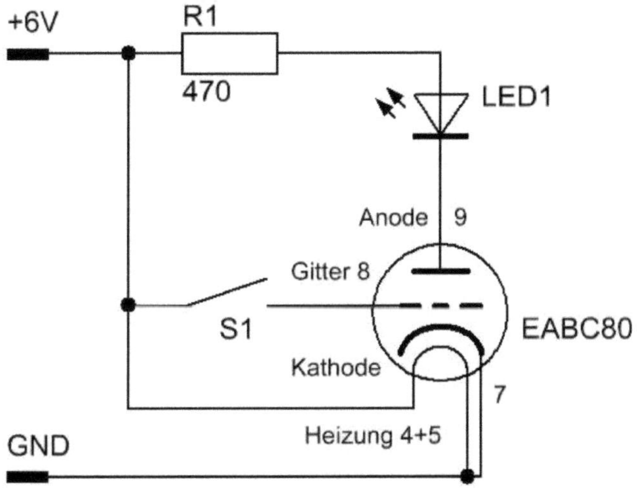

1.6.1 Eine einfache Testschaltung für eine Röhrentriode

Die Abbildung 1.6.1 zeigt das Schaltbild. Sobald eine Spannung an den Anschluss 8 (Gitter) angelegt wird, schaltet die Triode durch. Demzufolge leuchtet auch die LED auf, da der Stromfluss über die Anode und die Kathode sozusagen freigegeben ist. Es ist genauso, als würde bei einem Transistor die Basis angesteuert, so dass der Strom über den Kollektor zum Emitter fließen kann. Wird der Schalter S1 geöffnet, sperrt die Triode und die LED erlischt.

1.7 Wie der Elektronenfluss über das Gitter gesteuert wird

Es funktioniert im Prinzip ganz einfach: Wird eine Heizspannung angelegt, lösen sich von der Kathode Elektronen. Ein Teil davon gelangt auf das Gitter und lädt dieses negativ auf. Dadurch wird der Stromfluss zunächst behindert, da die Elektronen nicht mehr zur Anode gelangen können. Wird nun eine positive Spannung an das Gitter angelegt, werden die Elektronen nicht mehr vom Gitter aufgrund der sonst negativen Aufladung abgestoßen. Sie können dieses Gitter jetzt passieren und weiter zur Anode gelangen, weshalb schließlich ein Anodenstrom fließt. Die Höhe dieses Stroms ist also von der Höhe der Spannung am Gitter abhängig.

1.8 Gleiche und ungleiche Ladungen

Gegensätzliche Ladungen ziehen sich an, gleiche Ladungen stoßen sich ab. Dies ist der Grund, weshalb ein negativ aufgeladenes Gitter den Elektronenfluss und damit auch den Stromfluss behindert. Die negative Aufladung des Gitters erfolgt quasi durch die von der Kathode gelösten Elektronen. Dies können Sie übrigens messtechnisch feststellen, indem Sie ein Spannungsmessgerät zwischen das Gitter und die Kathode schalten. Wird der Pluspol des Spannungsmessgerätes mit dem Gitter verbunden und der negative mit der Kathode, werden Sie eine geringe negative Spannung messen können, da die Spannung am Gitter gegenüber der Kathode geringer ist. Die weiterhin von der Kathode ausgesandten Elektronen werden aufgrund dieser negativen Aufladung vom Gitter in Richtung Kathode abgestoßen und können daher nicht mehr das Gitter passieren und zur Anode gelangen.

1.9 Mit Spannung steuern (statt mit Strom)

Der zum Gitter der Elektronenröhre fließende Strom ist äußerst gering. Damit unterscheidet sich eine Elektronenröhre in einem weiteren wichtigen Punkt von einem Transistor. Der Basisstrom (also der Strom von der Stromversorgung über die Basis zum Emitter des Transistors ist vergleichsweise hoch, wenn man den direkten Vergleich mit der Elektronenröhre heranzieht. Tatsächlich kommt es hauptsächlich auf die Spannung bzw. die Spannungsänderung am Gitter der Elektronenröhre an, die eine relativ große Stromänderung des Elektronenflusses durch die Röhre bewirkt. Daher kommt die Verstärkerwirkung der Elektronenröhre. Diese war lange Zeit (bis zur Erfindung des Transistors) die einzige Möglichkeit, um sehr kleine elektrische Signale zu verstärken.

1.10 Vorteile und Nachteile von Röhren gegenüber Halbleitern

Obwohl die Halbleitertechnik innerhalb relativ kurzer Zeit die Röhrentechnik fast komplett verdrängt hat, haben doch beide Techniken ihre Vorteile und Nachteile. Auch die Elektronenröhre hat tatsächlich einige Vorteile gegenüber Halbleitern wie beispielsweise Transistoren. Dazu gehören nicht nur solche wie der viel gerühmte Klang von Röhrenverstärkern oder alten Röhrenradios, sondern auch ganz nüchterne und sachliche Eigenschaften der Elektronenröhre, die sie für bestimmte Anwendungszwecke besser geeignet erscheinen lässt als die Halbleitertechnik.

1.11 Die Nachteile der Röhrentechnik

Nicht ohne Grund wurde die Röhrentechnik ab etwa Mitte des 20. Jahrhunderts in relativ kurzer Zeit durch die Halbleitertechnik fast vollständig abgelöst, und zwar in den meisten Bereichen. Lediglich als Bildröhren oder im Bereich größerer Sendeanlagen konnten sich die Elektronenröhren über einen wesentlich längeren Zeitraum behaupten (und werden in einigen Bereichen auch heute noch eingesetzt). Hier sind die wichtigsten Nachteile von Röhren gegenüber den heute üblichen Halbleitern:

- Die Notwendigkeit einer zusätzlichen Heizspannung und der damit verbundene zusätzliche Energiebedarf sollten auf keinen Fall unterschätzt werden, gerade in der heutigen Zeit, wo es meistens auf einen möglichst geringen Stromverbrauch ankommt.
- Es ist kein Aufbau von integrierten Schaltkreisen möglich, wie man das von Halbleiterbauteilen kennt.
- Röhren benötigen im Vergleich zu Halbleiterbauteilen relativ viel Platz.
- Die meisten der Röhren verursachen während des Betriebs sehr hohe Temperaturen, die eine ausreichende Belüftung des mit Elektronenröhren bestückten Gerätes erforderlich machen.
- Die Elektronenröhre benötigt einige Sekunden, bis sie betriebsbereit ist.
- Röhren sind (besonders in der heutigen Zeit) relativ teuer in der Herstellung, da viele aufwendige Produktionsschritte für deren Herstellung notwendig sind.
- Im Laufe der Zeit kommt es häufig zu alterungsbedingten Veränderungen der elektrischen Werte.
- Die Glaskolben der Elektronenröhren sind sehr empfindlich gegenüber mechanischen Belastungen (durch Glasbruch und Beschädigungen des Innenlebens).
- Elektronenröhren haben eine begrenzte Lebensdauer, nicht zuletzt wegen der Verschleißerscheinungen und wegen des Glühfadens für die Glühkathode.
- Es gibt keine komplementären Typen von Elektronenröhren, wie dies bei Transistoren (NPN und PNP) der Fall ist.

1.12 Die Vorteile der Elektronenröhren

In bestimmten Bereichen (und bei engagierten Elektronikbastlern) konnten sich Elektronenröhren bis in die heutige Zeit behaupten. In einigen Bereichen erfreuen sie sich sogar wieder steigender Beliebtheit. Dafür gibt es natürlich auch einen Grund bzw. gleich mehrere Gründe. Hier sind einige Vorteile der Elektronenröhren gegenüber Halbleitern:

- Bei einer intensiven Beschäftigung mit der Röhrentechnik ist ein sehr gutes Verständnis für den Elektronenfluss und die Elektronik möglich.
- Elektronenröhren werden nicht so schnell durch Spannungsspitzen oder elektromagnetische Impulse (EMP) zerstört wie viele Halbleiterbauteile.
- Die Röhren versprechen einen hohen Leistungsgewinn über einen sehr weiten Frequenzbereich.
- Röhren sind (zumindest für kurze Zeit) sehr überlastbar, ganz im Gegensatz zu den meisten Halbleiterbauteilen wie beispielsweise Transistoren.
- Beim Aufbau von Verstärkern haben Elektronenröhren (teilweise auch durch die absichtlich übersteuerten Bauteile) einen eigenen Klangcharakter, welcher vor allem in der Musiktechnik sehr gerne genutzt wird.
- Der Schaltungsaufwand bei Verstärkerschaltungen und einigen anderen elektronischen Schaltungen ist oft nur relativ gering, besonders beim Aufbau von mehrstufigen Verstärkerschaltungen.

1.13 Spannend auch ohne Hochspannung

In diesem Buch geht es unter anderem um das Verständnis der Röhrentechnik und die Funktion der Elektronenröhren in selbst aufgebauten elektronischen Schaltungen. Die Funktion ist relativ einfach. Ein weiterer wichtiger Punkt besteht auch darin, die Röhrentechnik auf einfache Weise einzusetzen, ohne dafür gefährliche und hohe Spannungen von mehreren 100 Volt verwenden zu müssen. Diese hohen Spannungen sind in einigen Fällen zwar notwendig, aber für das einfache Verständnis von Röhrenschaltungen nicht unbedingt erforderlich. Hier reichen meist geringere und ungefährliche Spannungen bis zu einigen 10 Volt vollkommen aus.

1.14 Röhren mit geringen Spannungen betreiben

Wie Sie bereits wissen, müssen Röhren nicht zwangsläufig mit Spannungen in dreistelliger Voltzahl betrieben werden. Es gab bereits in der Vergangenheit Röhrenschaltungen bzw. Röhrengeräte, die mit Batterien betrieben wurden und die für den Betrieb mit geringen Spannungen ausgelegt waren. Teilweise wurden diese Geräte (beispielsweise alte Kofferradios mit so genannten Batterieröhren) mit mehreren Batterien betrieben. So gab es eine so genannte Heizbatterie mit einer oder wenigen Batteriezellen und einer Spannung von 1,5 Volt, 3 Volt oder 6 Volt, weiterhin gab es eine so genannte Anodenbatterie mit einer wesentlich höheren Spannung, die aber eine nur eine relativ geringe Stromstärke liefern musste.

Eine solche Anodenbatterie hatte dann beispielsweise eine Spannung von etwas über 60 Volt, teilweise auch eine höhere oder geringere Spannung, je nach Gerätetyp und erforderlicher Anodenspannung. Die so genannten Batterieröhren stellen in der Röhrentechnik quasi eine Besonderheit dar. Sie werden mit einer relativ geringen Heizspannung betrieben, die häufig sogar aus einer einzelnen Batteriezelle erfolgen kann. Außerdem wird bei den Batterieröhren Wert darauf gelegt, dass ein möglichst geringer Heizstrom fließt, damit die Röhrenheizung die Batterie nicht innerhalb kürzester Zeit entlädt. In der folgenden Abbildung 1.14.1 sehen Sie eine kleine Batterieröhre zum direkten Einlöten in eine Schaltung. Diese Röhre benötigt also keinen Sockel. Die Anschlussbeinchen der Röhre sind sehr dünn und daher auch besonders empfindlich.

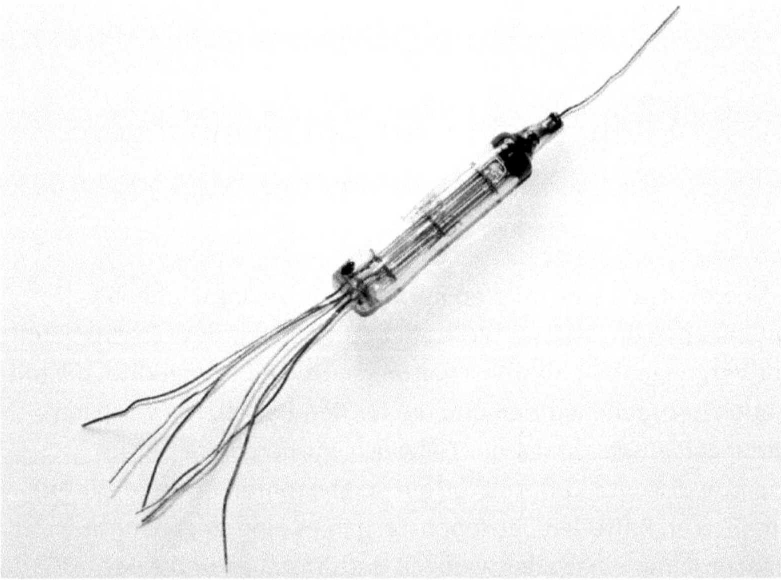

1.14.1 Batterieröhre mit Drahtanschlüssen

1.15 In diesem Buch verwendete Röhren

Einige Röhrentypen lassen sich bereits mit relativ geringen Anodenspannungen betreiben, auch wenn diese für den Betrieb mit diesen geringen Spannungen nicht hergestellt wurden. Zwar benötigen die Röhren eine nach wie vor relativ energieintensive Röhrenheizung, dafür aber keine sehr hohe Spannung, um zumindest in einfachen Testschaltungen oder Verstärkerschaltungen verwendet werden zu können. In diesem Buch wurden ausschließlich solche Röhren verwendet, wie man diese in alten Röhrenradios oder Fernsehgeräten findet oder zum Teil sogar noch im Internet bestellen kann, und zwar ohne größere Schwierigkeiten bei der Beschaffung. Schließlich sollen die in diesem Buch vorgestellten Schaltungen oder Versuche nachvollziehbar und vor allem einfach nachzubauen sein. Hier sind einige der Röhrentypen, die in diesem Buch für einfache Testaufbauten oder Schaltungen verwendet wurden:

- EABC80 (Diode, Doppeldiode und Triode mit einer Heizspannung von 6,3 Volt)
- ECC83 (Zweifach-Triode mit einer Heizspannung von 6,3 Volt bzw. 12,6 Volt bei einer Serienschaltung der Heizspannungen für beide Systeme), alternativ auch die ECC81 oder ECC82
- EL95 (Leistungspentode, häufig eingesetzt als Endstufenröhre in kleineren Radiogeräten oder Tonbandgeräten sowie Verstärkern)

Zur Bereitstellung der Heizspannung und der Anodenspannung wurde bis auf wenige Ausnahmen ein handelsübliches Steckernetzteil mit einer einstellbaren Ausgangsspannung verwendet. Lediglich bei den Versuchen mit einer Anzeigeröhre des Typs EM84 musste auf eine wesentlich höhere Spannung zurückgegriffen werden. Doch dazu (und zu den Gründen dafür) später mehr. Für die einfachen Versuche tut es jedoch ein einfaches Netzteil mit einer einstellbaren Ausgangsspannung bis hin zu etwa 12 Volt.

1.16 Röhren, wo man sie gar nicht vermutet

Manchmal werden Sie Elektronenröhren auch dort vorfinden, wo Sie diese wahrscheinlich gar nicht vermuten, weil Sie diese in dieser Form möglicherweise gar nicht als solche erkennen bzw. bezeichnen würden. Sehen Sie sich dazu auch die folgende Abbildung an.

1.17 VFDs als Elektronenröhren

Auch bei den so genannten VFDs (VFD bedeutet **V**acuum **F**luorescent **D**isplay = Vakuum-Fluoreszenzanzeige) handelt es sich um spezielle Bauarten von Elektronenröhren, bei denen auf den Leuchtflächen enthaltene Materialien dann beginnen zu leuchten, wenn Elektronen auf diese Flächen auftreffen. In Abbildung 1.17.1 sehen Sie einige Vakuum-Fluoreszenzanzeigen in verschiedenen Bauformen aus Uhren und Taschenrechnern.

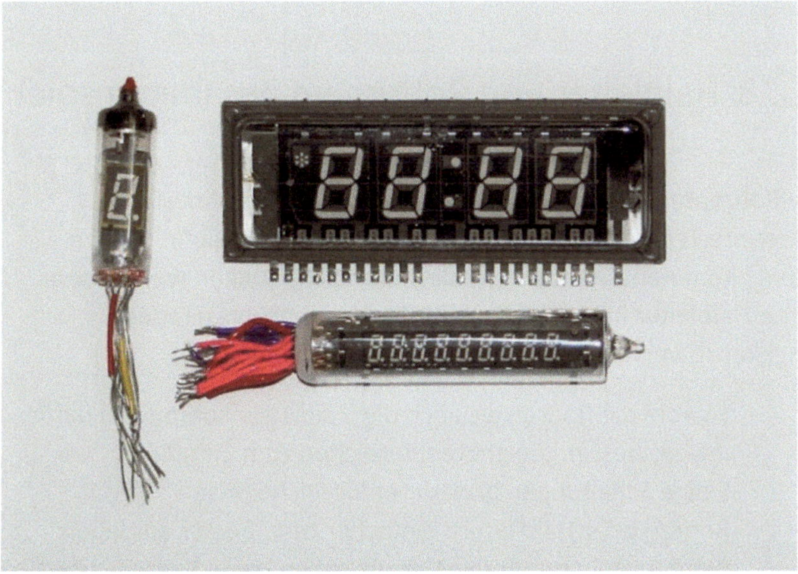

1.17.1 VFD-Anzeigen als Elektronenröhren

Es handelt sich hierbei um spezielle Anzeigen, die in vielen Geräten der Unterhaltungselektronik eingesetzt werden wie Stereoanlagen, Uhren oder DVD-Player, um nur einige Beispiele zu nennen. Diese Anzeigen arbeiten mit relativ geringen Spannungen. Zumindest benötigen Sie nicht mehrere 100 Volt für den Betrieb, so wie dies bei vielen anderen Elektronenröhren der Fall ist.

Sogar in einigen Taschenrechnern wurden bis vor einiger Zeit solche Elektronenröhren eingesetzt. Die längliche Ziffernanzeige unten rechts im Bild beispielsweise stammt aus einem batteriebetriebenen Taschenrechner. Sogar in Fahrzeugen wurden (und werden zum Teil noch) solche Anzeigen eingesetzt, beispielsweise für die Borduhr oder in einigen Autoradios. Der Vorteil solcher Anzeigen ist der, dass sie auch bei Helligkeit noch sehr gut ablesbar sind und keine zusätzliche Beleuchtung benötigen.

1.18 Halbleiter und Röhren im Zusammenspiel

Die Röhrentechnik und die Halbleitertechnik sind keinesfalls als getrennte Technologien anzusehen, die niemals zusammen zum Einsatz kommen. Gerade in moderneren Schaltungen werden sehr gerne Halbleiter in Verbindung mit Elektronenröhren (oder umgekehrt) verwendet. Dies hat mehrere Gründe:

- Sowohl die Röhren als auch die Halbleiter kommen in dafür jeweils besser geeigneten Bereichen zum Einsatz.
- Einige Schaltungen bzw. deren Bereiche lassen sich mit Röhren oder Halbleitern einfacher bzw. besser aufbauen.
- Beim Basteln mit der Elektronik sollen beide Bauteilearten gezielt zum Sammeln von Erfahrungen auf diesem Gebiet eingesetzt werden.
- Beim Aufbau von Röhrenverstärkern werden bestimmte Schaltungsbereiche der Einfachheit halber mit Halbleitern aufgebaut.

Dies sind nur einige mögliche Gründe, weshalb die Röhrentechnik gemeinsam mit der Halbleitertechnik in eigenen Schaltungen eingesetzt werden kann.

1.19 Mikrofonverstärker mit Mischbestückung

Ein Beispiel dafür zeigt das folgende Schaltbild, nach dem ein röhrenbestückter Mikrofonverstärker auf relativ einfache Art und Weise aufgebaut werden kann, beispielsweise mit einer

Elektronenröhre aus einem alten Gerät. Sehen Sie sich zunächst das Schaltbild in Abbildung 1.19.1 an.

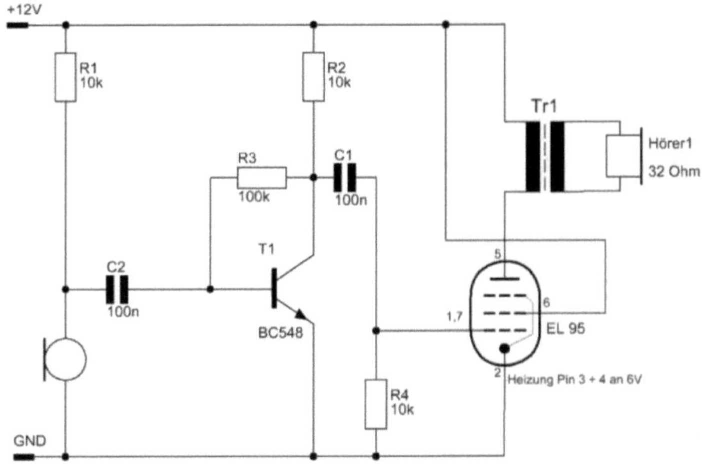

1.19.1 Mikrofonverstärker mit Röhre und Transistor

Das Schaltbild zeigt einen einfachen Röhrenverstärker, der hier als Mikrofonverstärker aufgebaut wurde. Es handelt sich um einen zweistufigen Verstärker, wobei die erste Stufe mit einem Transistor BC548 und die zweite Stufe mit einer Elektronenröhre des Typs EL95 aufgebaut wurde. Der Transistor verstärkt das Ausgangssignal des Mikrofons so weit, dass es von der Röhre weiterverarbeitet und weiter verstärkt werden kann, so dass es bereits bei einer relativ geringen Anodenspannung so stark ist, um über einen Kopfhörer wiedergegeben zu werden. Genauso gut geht es natürlich auch anders herum, nämlich beim Aufbau eines mehrstufigen Verstärkers mit einer Röhrenvorstufe und einer Halbleiterendstufe. Dies ist aus Sicht der an der Röhrentechnik interessierten Elektronikbastler und Liebhaber von leistungsfähigen Verstärkern eine interessante Technik, da vollständig mit Elektronenröhren bestückte Verstärker aus mehreren Gründen sehr aufwendig aufzubauen sind. Dies ist beispielsweise wegen des mechanisch sehr aufwendigen Aufbaus eines geeigneten Gehäuses und Chassis der Fall. Ein solcher Verstärker ist dabei deutlich mehr als ein einfacher Kompromiss, schließlich wurde diese Technik auch bei kommerziellen Geräten schon erfolgreich umgesetzt. Vielleicht bekommen Sie dadurch sogar Lust, einen mit Röhren bestückten Verstärker mit einer Halbleiterendstufe und einer ausreichenden Ausgangsleistung aufzubauen.

Kapitel 2: Grundlagen der Röhrentechnik

Hier geht es um die wichtigsten Grundlagen der Röhrentechnik, die für das Verständnis der Technik wichtig sind, außerdem werden Sie einige Besonderheiten der Elektronenröhren und deren Anwendung kennenlernen, welche für die Bastelpraxis wichtig sind. Warum herrscht im Glaskolben der Elektronenröhre ein Vakuum und warum benötigen Sie eine Heizspannung? Dies sind die Fragen, um deren Beantwortung es in diesem Kapitel geht (und noch einiges mehr). Außerdem lernen Sie den Unterschied zwischen einer direkten und einer indirekten Kathodenheizung kennen und erfahren etwas über die Unterschiede alter Röhrentechnik und den modernen Einsatz von Elektronenröhren, beispielsweise beim Aufbau von eigenen Schaltungen.

2.1 Heiße Sache: Warum Röhren eine Kathodenheizung benötigen

Ohne eine Kathodenheizung funktionieren Elektronenröhren nicht, zumindest nicht bis auf wenige Ausnahmen, die keine Röhrenheizung besitzen. Auch die in diesem Buch eingesetzten Elektronenröhren benötigen eine solche Heizung, die oft über eine separate Spannungsquelle mit Energie versorgt wird. In der Röhre erzeugt diese Heizung ein charakteristisches Glühen, das für viele Menschen etwas Besonderes beim Betrieb eines Röhrengerätes ist (wenn die Röhren sichtbar sind) und das für viele etwas Ähnliches hat wie einen Lagerfeuercharakter. Die folgende Abbildung 2.1.1 zeigt zwei glühende Röhren während des Betriebs der Röhrenheizung.

2.1.1 Elektronenröhren mit Kathodenheizung

2.2 Die Kathodenheizung und die Elektronenemission

Die Kathodenheizung wird für die Entstehung einer so genannten Elektronenemission benötigt. Es gibt verschiedene Möglichkeiten, eine solche Elektronenemission zu erzeugen, beispielsweise durch hohe elektrische Feldstärken oder eben durch hohe Temperaturen. Bei der zweiten Möglichkeit handelt es sich um eine so genannte thermische Emission, die häufig auch als Edison-Richardson-Effekt bezeichnet wird. Die von einem elektrischen Leiter gebildeten bzw. durch einen solchen erhitzten Kathoden werden häufig auch als Glühkathoden bezeichnet. Die Elektronen weisen aufgrund der hohen Temperaturen eine sehr hohe Energie auf, wodurch sie sich aus der Kathode lösen und sich quasi im Vakuum der Elektronenröhre bewegen können. Ohne diese hohe thermische Energie wäre dies nicht möglich. Dies ist auch der Grund dafür, weshalb eine Elektronenröhre ohne das Anlegen einer Heizspannung nicht funktioniert. Sicherlich erinnern Sie sich noch an die ersten Versuche mit einer Röhrendiode und der Röhrentriode, bei denen die Röhrenheizung versuchsweise abgeschaltet wurde und es dadurch zu einem Versiegen des Elektronenflusses und somit des Stromflusses kam.

2.3 Wozu das Vakuum im Glaskolben benötigt wird

Ebenso wichtig wie die Heizspannung ist das Vakuum in der Elektronenröhre, damit überhaupt ein Elektronenfluss stattfinden kann. Außerdem wird das Vakuum benötigt, damit der Glühfaden in der Elektronenröhre nicht verbrennen kann, genauso, wie dies bei einer Glühlampe der Fall ist. Eine Elektronenröhre mit beschädigtem Glaskolben, in die Luft eingedrungen ist, kann nicht mehr funktionieren. In vielen Fällen sind solche Beschädigungen bereits äußerlich zu erkennen, beispielsweise bei einer charakteristischen

Weißfärbung am oberen Ende der Elektronenröhre, wie diese in der folgenden Abbildung 2.3.1 zu sehen ist.

2.3.1 Beschädigte (links) und intakte Röhre (rechts)

2.4 Was es mit den Elektronen auf sich hat

Ein Elektron ist ein Elementarteilchen, genauer gesagt ein negativ geladenes Elementarteilchen, das ein Namensgeber für die Elektronik und die Elektronenröhre ist. Innerhalb der Elektronenröhre handelt es sich um durch verschiedene Einflüsse beeinflussbare, freie Elektronen, die sich im Vakuum gezielt bewegen und sogar zu einem Elektronenstrahl formen lassen. Letzteres ist zum Beispiel in bestimmten Bauformen von Elektronenröhren der Fall wie solchen in alten Fernsehgeräten, Computermonitoren oder Oszilloskopen. Innerhalb der Elektronenröhre bewegen sich diese Elektronen von der Kathode zur Anode und werden dabei gezielt beeinflusst bzw. gesteuert, und zwar durch mehrere zusätzlich in der Elektronenröhre vorhandene Anschlüsse in Form von Gitteranschlüssen. In einigen Elektronenröhren sorgen die Elektronen beim Auftreffen auf spezielle Beschichtungen innerhalb der Elektronenröhre auch für die Entstehung von Licht. Dies ist beispielsweise innerhalb von Magischen Augen der Fall, auf die später in diesem Buch auch noch eingegangen wird.

2.5 Ohne Vakuum kein Elektronenfluss

Die Elektronen können sich nur in einem Vakuum frei bewegen, weshalb der Kolben einer Elektronenröhre unbedingt luftleer (man sagt auch evakuiert) sein muss. Ohne dieses Vakuum würden die Elektronen durch im Glaskolben vorhandene Luftmoleküle abgebremst werden und könnten nicht mehr ungehindert ihren Weg durch das Innere der Elektronenröhre zur Anode zurücklegen. Der Elektronenfluss innerhalb einer Röhre wie beispielsweise innerhalb einer Triode findet übrigens schon alleine durch das Anlegen einer Heizspannung statt, da sich in diesem Zustand bereits Elektronen aus der beheizten Kathode herauslösen und zum Gitter der Triode gelangen. Ohne das Vakuum könnten bereits diese Elektronenbewegungen nicht stattfinden. Wird dieser Elektronenstrom festgestellt, beispielsweise durch die Messung der Gitterspannung, lassen sich bereits Rückschlüsse auf die Funktionsfähigkeit einer Elektronenröhre ziehen. Dieser

Elektronenfluss kann quasi bei einer ersten Funktionsprobe gemessen werden, um festzustellen, ob der Glaskolben noch ausreichend evakuiert, also frei von Luftmolekülen ist.

2.6 Direkte und indirekte Kathodenheizung

Die Kathode ist die negativ geladene Elektrode in einer Elektronenröhre und liefert als solche freie Elektronen. Damit dies funktionieren kann, muss sie elektrisch beheizt werden. Um dies umzusetzen, gibt es zwei Möglichkeiten:

- Indirekte Heizung: Hier ist die Kathode eine vom Glühfaden isolierte Elektrode in Form eines kleinen Röhrchens, die durch den Glühfaden lediglich erhitzt wird. Die eigentliche Elektronenemission wird dabei durch das erhitzte Röhrchen erzeugt.
- Direkte Heizung: Der Glühfaden ist hier quasi selbst die Kathode. Der Heizleiter ist entweder frei tragend oder kann zwecks besserer Stabilität innerhalb des Glaskolbens der Röhre zwischen mehreren Federn gespannt sein. Viele kleinere Batterieröhren haben eine direkt beheizte Kathode.

2.7 Direkte Kathodenheizungen

Die direkt beheizten Kathoden kommen in verschiedenen Bereichen zum Einsatz, beispielsweise in Röhrendioden (ein Beispiel ist die AZ11), in Leuchtstofflampen, den Vakuum-Fluoreszenzanzeigen und zum Teil auch in kleineren Batterieröhren. Sehr häufig können Sie den Glühfaden in Elektronenröhre mit einer direkt beheizten Glühkathode sehen. Allerdings ist dies nicht immer der Fall, beispielsweise dann, wenn es sich um eine kleinere Batterieröhre handelt, die nur ein sehr schwaches Glimmen erzeugt, ebenso in einer Vakuum-Fluoreszenzanzeige, in welcher der Glühfaden ebenfalls nur sehr schwach und kaum wahrnehmbar glimmt. Dieser ist hier übrigens direkt vor den Ziffern meist in mehreren Reihen gespannt. In einem Raum mit schwacher Beleuchtung können Sie den schwach leuchtenden Glühfaden gegebenenfalls sogar sehen, wenn die Anzeige in Betrieb ist. In der folgenden Abbildung 2.7.1 sehen Sie eine mit einer Überspannung betriebene, direkt beheizte Glühkathode. Im normalen Betrieb an einer wesentlich geringeren Heizspannung sehen Sie das Glühen der Kathode normalerweise gar nicht.

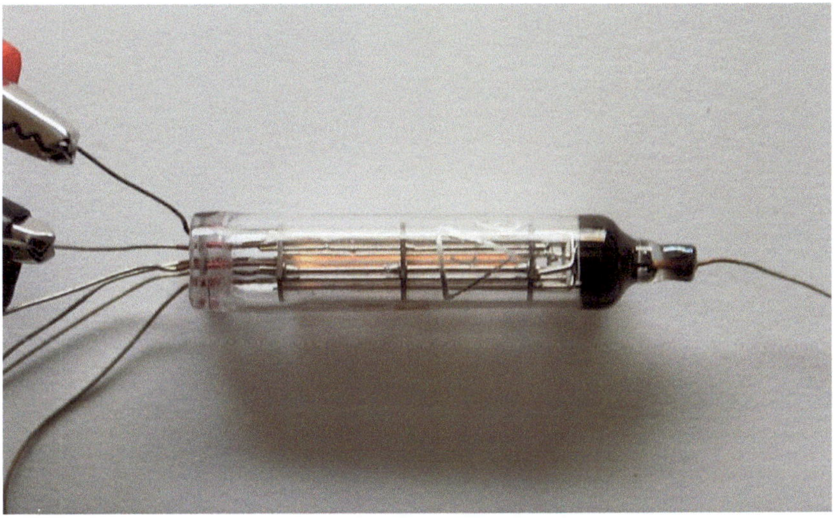

2.7.1 Direkt beheizte Glühkathode

2.8 Indirekte Kathodenheizungen

Wenn Sie eine indirekt beheizte Elektronenröhre vor sich haben, sehen Sie meist nur einen Teil der Glühkathode, die oft in Form eines Röhrchens oder hohlen Stäbchens ausgeführt ist, durch das der Glühdraht verläuft. Die eigentliche Kathode wird durch diesen Glühdraht so stark erhitzt, dass sie ebenfalls anfängt zu glühen. Dies ist dann während des Betriebs der Elektronenröhre in der Regel auch deutlich sichtbar. Sehen Sie sich dazu auch die folgende Abbildung 2.8.1 an, in welcher eine indirekt beheizte Glühkathode zu sehen ist. Diese Röhre ist übrigens auch für die Bildaufnahme an der für sie vorgesehenen Heizspannung betrieben worden. Das Glühen ist hier bereits deutlich zu sehen.

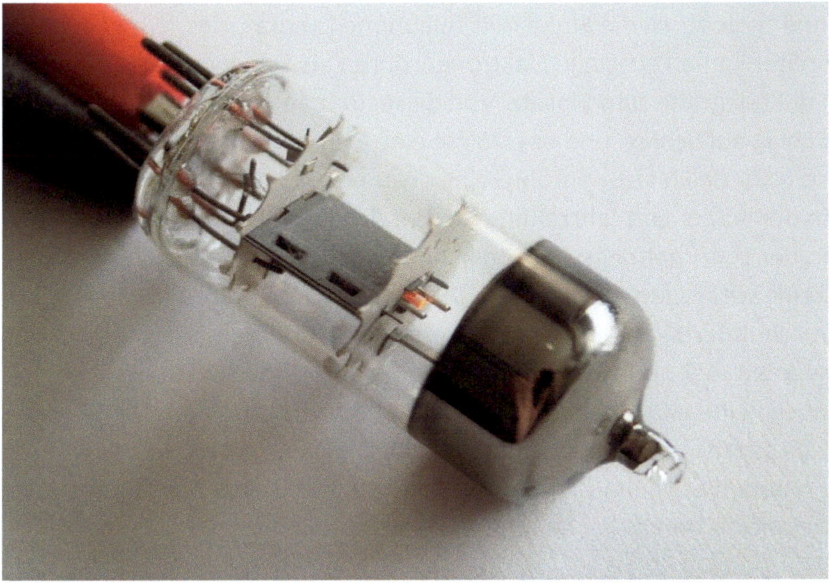

2.8.1 Indirekt beheizte Glühkathode

2.9 Die Röhrentechnik früher und heute

Die Elektronenröhre gibt es als solche bereits seit Anfang des 20. Jahrhunderts. Durch die Entwicklung der Triode stand erstmals ein Bauteil zur Verfügung, mit dem elektrische Signale verstärkt werden konnten. Erst nach der Erfindung der Elektronenröhre war es zum Beispiel möglich, Rundfunksignale auf der Empfängerseite soweit zu verstärken, dass sie über einen Lautsprecher hörbar gemacht werden konnten. Natürlich mussten auch auf der Senderseite Elektronenröhren eingesetzt werden, um die für die Radiosignale notwendigen elektromagnetischen Wellen in ausreichender Stärke zu erzeugen. Der erste Röhrenverstärker wurde im Jahr 1912 gebaut, und zwar durch die Firma Bell Telephone Laboratories. Wenige Jahre später kamen spezielle Elektronenröhren als Schaltverstärker in der Funktelegrafie zum Einsatz. Von dieser Zeit an ging es praktisch Schlag auf Schlag, und es erfolgte eine Erfindung nach der anderen, so dass die Elektronenröhre einen wahren Siegeszug antrat und sich in den folgenden Jahrzehnten im Bereich der Elektronik und vor allem in der Unterhaltungselektronik durchsetzte. Schließlich gab es noch keine wirklichen Alternativen. Dies änderte sich erst Mitte des 20. Jahrhunderts, als die ersten Transistoren entwickelt und gebaut wurden. Aber auch zu diesem Zeitpunkt war die Elektronenröhre noch keineswegs vom Markt verdrängt. In einigen Bereichen hat sie sich sogar bis heute gehalten. Bei einigen HiFi- und High-End-Freunden erfreuen sich hochwertige und mit Elektronenröhren bestückte Verstärker sehr großer Beliebtheit.

2.10 Alte Röhrengeräte und deren Aufbau

Alte Röhrengeräte wie zum Beispiel Röhrenradios sind ganz anders aufgebaut als die heute üblichen Geräte der Unterhaltungselektronik. Oft besaßen die Geräte ein mehr oder weniger massives Holzgehäuse (teilweise auch ein Bakelitgehäuse), in dem sich ein Metallchassis mit mehreren Röhrensockeln befand, um die herum praktisch die restliche Elektronik aufgebaut bzw. verdrahtet wurde. Man spricht hier auch von einer freien bzw. fliegenden Verdrahtung, eine für die Zeit bis Mitte des vergangenen Jahrhunderts übliche Bauweise. Die folgende Abbildung 2.10.1 zeigt das Innere eines alten Röhrenradios aus den fünfziger Jahren.

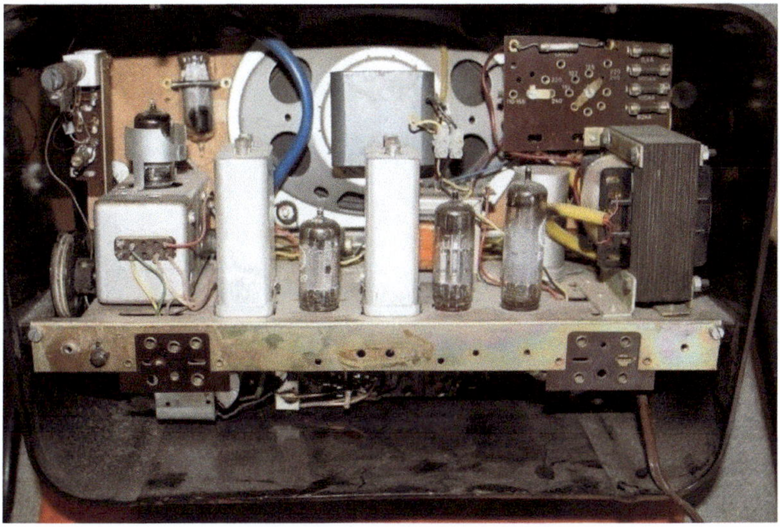

2.10.1 Röhrenradio aus den 50er Jahren

Unter dem Radiochassis dieses Radiogerätes sieht es so aus wie in Abbildung 2.10.2.

Die Verdrahtung ist alles andere als übersichtlich, wie Sie deutlich sehen können. Erst einige Jahre später ging man dazu über, auch die Röhrengeräte mithilfe von gedruckten Schaltungen aufzubauen, einer wesentlich übersichtlicheren Bauart, welche auch bei der Einführung der Transistortechnik beibehalten und später sogar noch optimiert wurde.

2.10.2 Ein Blick unter das Radiochassis

2.11 Die Röhrentechnik heute

Heute werden Elektronenröhren nur noch in wenigen Bereichen eingesetzt. Aus den meisten Bereichen der Elektronik sind sie längst von Halbleiterbauelementen wie beispielsweise Dioden und Transistoren verdrängt worden. Lediglich im Bereich der Hochfrequenztechnik, besonders im Hochleistungsbereich, kommen sie auch heute noch als Senderöhren zum Einsatz. Auch in Anlagen, in denen Wärme direkt in einem Werkstück erzeugt werden soll, werden sie noch in speziellen Bauformen verwendet, nämlich in der so genannten Hochfrequenzerwärmung. In besonderen Bauformen sind sie darüber hinaus in den schon erwähnten Vakuum-Fluoreszenzanzeigen zu finden, einer speziellen und modernen

Bauform von Elektronenröhren. Ein weiteres wichtiges Gebiet ist natürlich die Herstellung von Röhrenverstärkern oder elektronischen Schaltungen im Hobbybereich. Die folgende Abbildung 2.11.1 zeigt eine mit zwei NF-Röhren des Typs ECL86 und einem Magischen Band EM84 aufgebaute Verstärkerschaltung.

2.11.1 Röhrenverstärker mit zwei ECL86 und einer EM84

Solche und ähnliche Verstärker werden von vielen Hobbybastlern gerne aufgebaut, da sie immer noch etwas Besonderes sind und für viele Bastler ein interessantes Elektronikprojekt darstellen. Die Schaltung in Bild 2.11.1 wurde mit gebrauchten Röhren aus alten Tonbandgeräten und den ebenfalls darin verwendeten Ausgangsübertragern sowie dem Netztrafo aufgebaut. Für solche Röhrenschaltungen sind spezielle Netztransformatoren notwendig. Sie stellen neben der Heizspannung in Höhe von 6,3 Volt auch die relativ hohe Anodenspannung von rund 250 Volt zur Verfügung. Wie Sie sich sicher denken können, ist der Aufbau solcher Verstärker nicht ganz unproblematisch. Die hohe Spannung ist nicht ungefährlich, weshalb gerade Anfänger im Bereich der Elektronik sich nicht sofort an solche Schaltungen wagen sollten.

In diesem Buch wurde auf den Aufbau von Schaltungen mit derartig hohen Betriebsspannungen ganz bewusst verzichtet, um keine unnötigen Sicherheitsrisiken einzugehen. Bei der Reparatur von alten Röhrengeräten wie Röhrenradios oder Tonbandgeräten lässt sich es aber nicht vermeiden, dass Sie es mit Spannungen von mehreren 100 Volt zu tun haben. Darüber hinaus gibt es dabei noch andere Gefahren. Doch dazu später mehr.

Kapitel 3: Erste Versuche mit Elektronenröhren

In den ersten Kapiteln dieses Buches ging es und die wichtigsten Informationen und um eine erste Einführung in die Röhrentechnik. Nun soll es mehr an die Praxis der Röhrentechnik gehen. Sie lernen, wie Sie eine Elektronenröhre identifizieren, in Betrieb nehmen und erste Tests und Experimente durchführen. Diese ersten Versuche sind für Anfänger auf dem Gebiet der Röhrentechnik bestimmt. Es geht hier nicht um Kennlinien, die Anwendung von Röhren für High-End-Verstärker oder um ähnliche Dinge. Vielmehr geht es darum, besonders häufig an einer Röhre auftretende Defekte zu erkennen bzw. festzustellen. Außerdem erfahren Sie, wie Sie Röhren überhaupt in eigenen Schaltungen einsetzen können.

3.1 Eine Elektronenröhre in Betrieb nehmen

Jede Elektronenröhre hat einige gemeinsame Anschlüsse wie die für die Anode, die Kathode, eines oder mehrere Gitter und natürlich die für die Kathodenheizung. Der Einfachheit halber hat man einige der Anschlüsse genormt, beispielsweise die für die Heizung, die bei den Röhren mit denselben Sockeln immer die gleichen sind. Sie werden dies im Laufe der Praxis noch feststellen, ebenso die Tatsache, dass diese Eigenschaft die Handhabung mit den Elektronenröhren wesentlich vereinfacht, vor allem beim Aufbau eigener Schaltungen. Sie müssen bei den gängigen Sockelarten dann nicht mehr lange überlegen oder nachschauen, welche Anschlüsse für die Röhrenheizung vorgesehen sind.

Natürlich gilt dies auch für die erste Inbetriebnahme einer Elektronenröhre, bei der die Heizung eine wesentliche Rolle spielt.

3.2 Wichtige Infos zur Kathodenheizung

Nehmen Sie beispielsweise eine Elektronenröhre mit einem neunpoligen Sockel mit der Bezeichnung Noval. Die Anschlüsse für die Röhrenheizung liegen hier auf den Pins 4 und 5. Dies ist bei allen Elektronenröhren so, die einen solchen Sockel haben. Ähnlich ist es bei den etwas kleineren Röhren mit einem siebenpoligen Sockel mit der Bezeichnung Pico oder Miniatur. Bei diesem Sockel sind es die Anschlüsse 3 und 4, welche für die Röhrenheizung vorgesehen sind.

Die Nummerierung ist ebenfalls einheitlich gehalten. Wenn Sie von unten auf die Röhre schauen, beginnt die Nummerierung links unten mit dem Anschluss, der sich links vom etwas größeren Abstand zwischen zwei der Anschlüsse befindet. Die Röhrenanschlüsse sind an einer Stelle etwas weiter auseinander. Zählen Sie einfach vom linken Pin von diesem größeren Abstand an, dies ist der Pin 1. Von dort aus zählen Sie dann einfach im Uhrzeigersinn durch. Soviel zunächst zu den wichtigsten Röhrensockeln, die Ihnen in der Praxis am ehesten begegnen werden. Um die Röhre überhaupt in Betrieb nehmen zu können, müssen Sie die Heizspannung an Pin 3 und 4 bzw. an Pin 4 und 5 anlegen. Dazu folgen nun ein paar Beispiele.

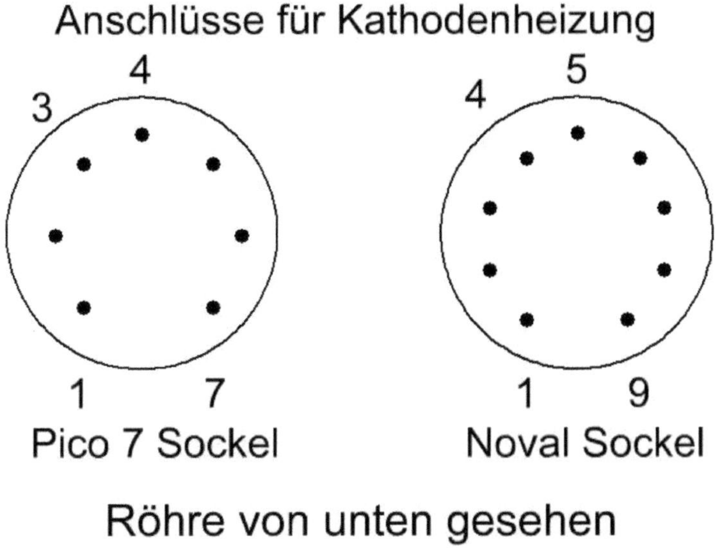

3.2.1 Anschlüsse für die Kathodenheizung

Sie sehen die Heizanschlüsse an den Röhrensockeln. In den Abbildungen zu sehen sind die deutlich größeren Abstände zwischen Pin 1 und 7 bzw. Pin 1 und 9. Pin 3 und 4 bzw. 4 und 5 wurden ebenfalls gekennzeichnet. An „echten“ Röhren sieht es dann so aus wie in der folgenden Abbildung 3.2.2.

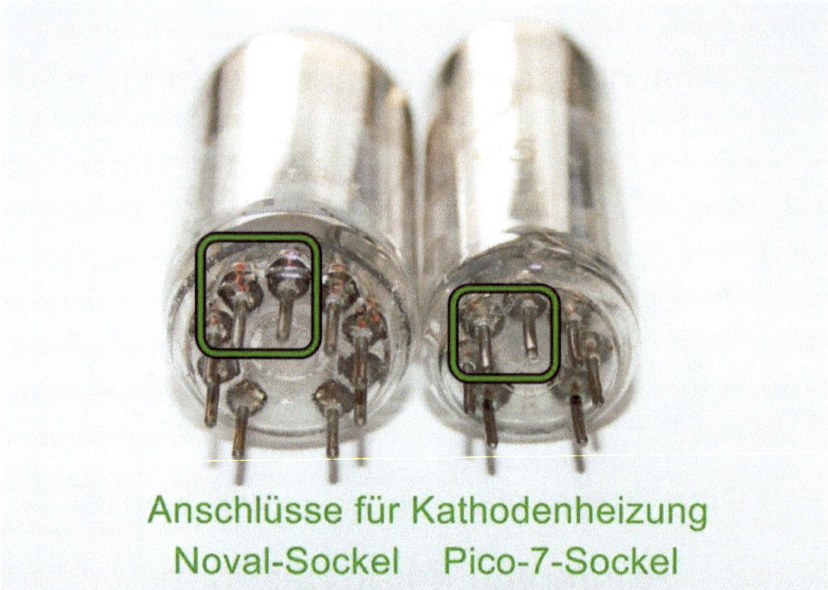

3.2.2 Die Anschlüsse an den Röhren

Auch hier wurden die Anschlüsse für die Kathodenheizungen markiert. Wie hoch diese Heizspannung sein muss, hängt vom Röhrentyp ab. Es ist der erste Buchstabe der Röhrenbezeichnung, auf den es bei den europäischen Röhren ankommt. Die so genannten E-Röhren benötigen beispielsweise eine Heizspannung von 6,3 Volt. Es gibt allerdings bei einigen Röhren der E-Reihe Besonderheiten beim Anschluss der Kathodenheizung. Bei der ECC81, der ECC82 und der ECC83 mit zwei Triodensystemen beispielsweise sind die beiden Kathodenheizungen in Reihe geschaltet. Der Mittelpunkt dieser Reihenschaltung ist mit dem Pin 9 der Röhre verbunden. Diese Röhren können je nach Anschluss sowohl mit 6,3 Volt als auch mit 12,6 Volt Heizspannung betrieben werden. Ich erwähne das an dieser Stelle, da in diesem Buch Röhren dieses Typs verwendet werden und Sie wissen sollten, dass der Anschluss der Heizspannung auch direkt mit 12 Volt verbunden werden kann, was diese Röhren für Experimente an einer Betriebsspannung von 12 Volt besonders interessant macht. Um die Röhren einer Heizspannung von 12 Volt zu betreiben, verwenden Sie einfach Pin 4und Pin 5. Der Pin 9 die Röhre sollte dabei aber unbedingt frei bleiben. Er darf keineswegs auf Masse gelegt oder mit einem anderen Anschluss der Schaltung verbunden werden.

Beim Einsatz dieser Röhren an einer Heizspannung von 6,3 Volt müssen die Pins 4 und 5 miteinander verbunden werden. Der Anschluss der Heizspannung erfolgt dann an diesen beiden Pins sowie am Anschluss 9 der Röhre.

3.3 Feststellen, ob die Elektronen am Werk sind

Wie Sie bereits in Kapitel 2 erfahren haben, sind die Elektronen als Namensgeber für die Elektronenröhre die „Hauptdarsteller" im Vakuum der Elektronenröhre. Nur wenn diese am Werk sind, funktioniert die Elektronenröhre. Damit dies der Fall ist, müssen einige Voraussetzungen gegeben sein. Das Vakuum ist eine davon. Ohne Vakuum würden die Elektronen durch die Luftmoleküle bei ihrer Wanderung von der Kathode zur Anode behindert. Außerdem muss natürlich die Kathode beheizt werden. Weiterhin ist eine positive elektrische Spannung an der Anode notwendig. Ob die Elektronen tatsächlich ihren Weg durch die Elektronenröhre nehmen, können Sie auch feststellen. Der Elektronenfluss ist messbar. Außerdem können Sie schon eine Spannung am Gitter messen, wenn Sie eine Heizspannung an die Röhre anlegen und das Spannungsmessgerät an das Gitter und die Kathode anschließen. Schließen Sie das Spannungsmessgerät mit seiner roten Messleitung an das Gitter und den Masseanschluss des Messgerätes an der Kathode an, werden Sie bei intakter Röhre eine negative Spannung von weniger als einem Volt messen können. Sehen Sie dazu einen einfachen Messaufbau für die Gitterspannung in der folgenden Abbildung 3.3.1.

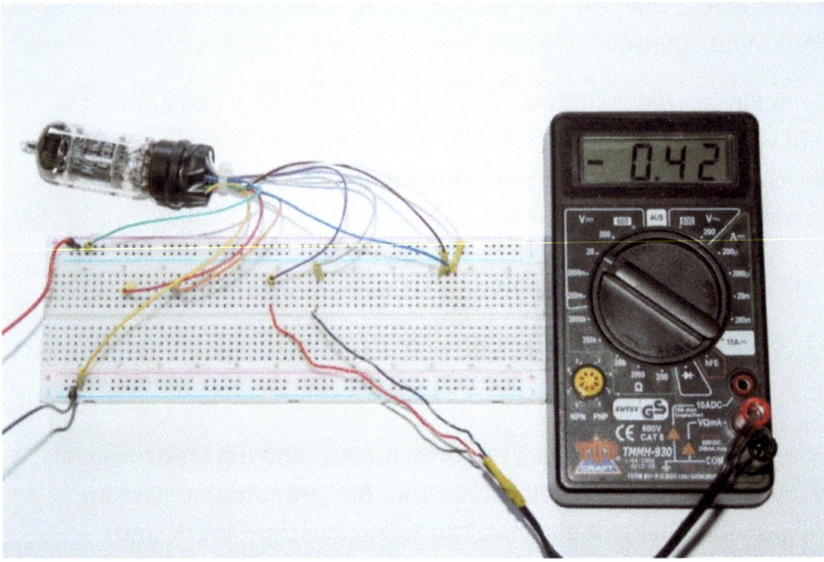

3.3.1 Messen der Gitterspannung

Das Spannungsmessgerät zeigt die negative Gitterspannung an. Gemessen wird diese Spannung gegenüber der Katode. Die negative Spannung kommt dadurch zu Stande, dass sich Elektronen von der Kathode lösen und zum Gitter gelangen. Das Gitter lädt sich dadurch gegenüber der Kathode negativ auf, es entsteht eine negative Gitterspannung. Wie Sie in der Abbildung erkennen können, beträgt diese Spannung bei der für diese Messeanordnung verwendeten ECC83 weniger als ein halbes Volt. Sie können diesen Versuch bei dieser Röhre übrigens zweimal durchführen, da die ECC83 zwei Triodensysteme besitzt. Die Heizspannung in Höhe von 12,6 Volt wird an Pin 4 und 5 angelegt. Der Anschluss für das Gitter ist Pin 7, der für die Kathode Pin 8. verwenden Sie das andere System, müssen Sie die Pins 2 (Gitter) und 3 (Kathode) verwenden.

3.4 Den Elektronenstrom steuern

Nun soll es daran gehen, den Anodenstrom (den Strom von der Kathode zur Anode) zu messen. Dazu wird das Multimeter als Strommessgerät geschaltet. Den entsprechenden Versuchsaufbau sehen Sie in der folgenden Abbildung 3.4.1.

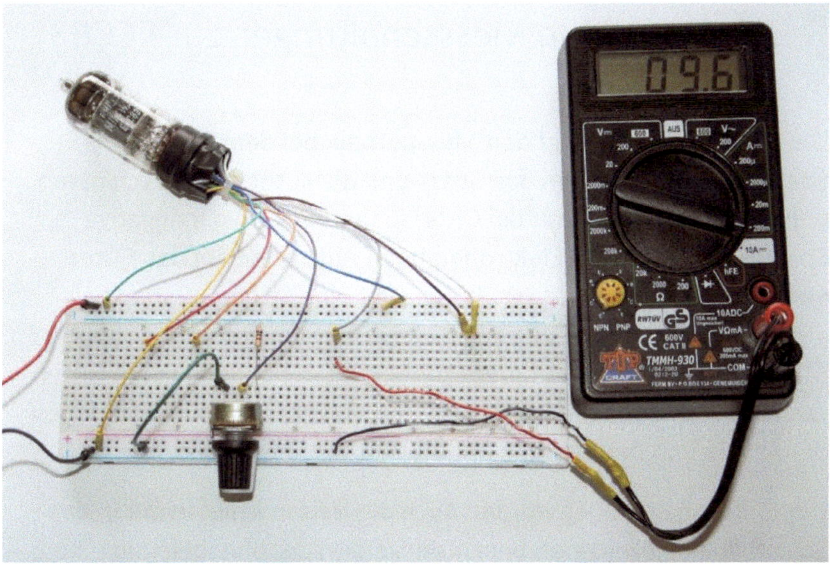

3.4.1 Den Elektronenstrom steuern

Das Multimeter wurde zwischen die Kathode und den Masseanschluss der Schaltung geschaltet. Die Anode der Röhre wurde an den Pluspol der Spannungsversorgung angeschlossen. Solange das Gitter der Röhre noch nicht angesteuert wird, fließt praktisch kein Strom. Erst wenn an das Gitter eine positive Spannung angelegt wird, beginnt der Elektronenstrom zu fließen.

Für diesen Versuch wurde ein Potentiometer zur Regelung der Gitterspannung eingesetzt. Wird nun die Gitterspannung mithilfe des Potentiometers eingestellt, lässt sich auf diese Weise der Elektronenstrom beeinflussen. In der Abbildung 3.5.1 sehen Sie die Schaltbilder für die beiden Versuche. Sie finden dort auch die Anschlussbelegung der ECC83.

3.5 Die beiden Messschaltungen zur ECC83

Die erste Schaltung zeigt den Messaufbau, bei dem ein Spannungsmessgerät an das Gitter und die Kathode angeschlossen wurde. Sie messen damit die Gitterspannung, also die negative Spannung, welche die Elektronen beim Auftreffen auf das Gitter verursachen. Die zweite Schaltung zeigt eine Strommessung bei gleichzeitiger Ansteuerung des Gitters über ein Potentiometer. Mithilfe dieses Potentiometers können Sie die Spannung am Gitter regulieren und dabei beobachten, wie sich der Stromfluss zwischen der Anode und der Kathode ändert.

Der Einfachheit halber wurden auch die Heizanschlüsse mit in das Schaltbild eingezeichnet. Beachten Sie die Anschlussbelegung der Röhre und die Heizspannung in Höhe von rund 12,6 Volt, die an die Pins 4 und 5 angeschlossen werden muss. Sie dürfen keinesfalls den Pin 9 der Röhre irgendwo anschließen und auf keinen Fall an Masse, da sonst einer der beiden Heizfäden die vollen 12,6 Volt abbekommen und wahrscheinlich durchbrennen würde. Dies wurde sicherheitshalber auch im Schaltbild noch einmal vermerkt. Sie können diese Messungen übrigens an beiden Triodensystemen der ECC83 durchführen. Bei beiden Systemen sollten Sie etwa gleiche Spannungs- und Stromwerte erhalten. Einige Toleranzen gibt es natürlich immer.

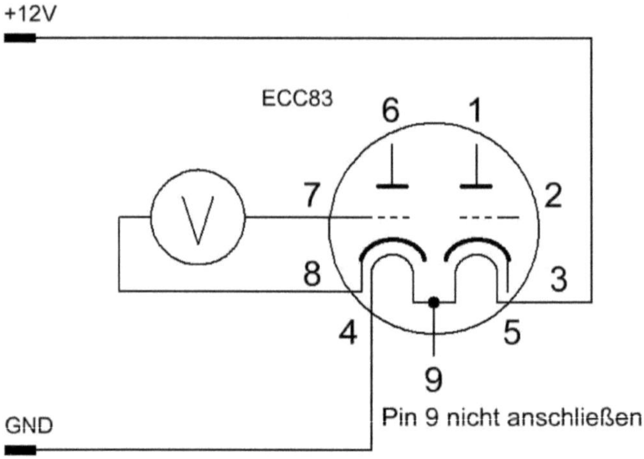

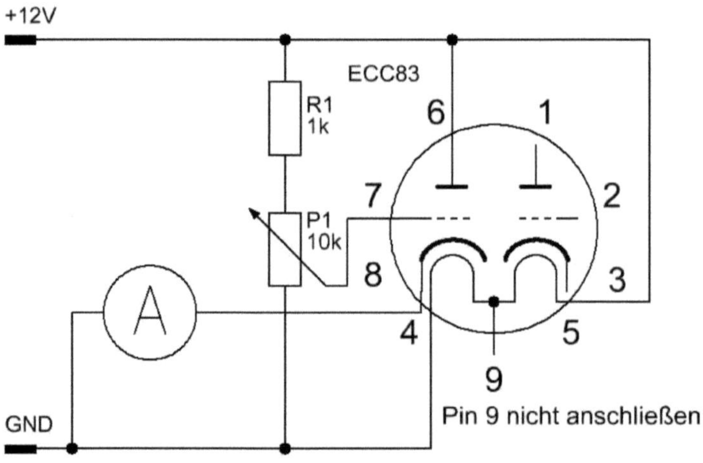

3.5.1 Messschaltungen mit der ECC83

3.6 Bruchgefahr: Elektronenröhren richtig behandeln und einsetzen

Vergessen Sie nicht, dass die Elektronenröhren aus einem sehr brüchigen und empfindlichen Material bestehen, nämlich Glas. Außerdem kommt noch ein zweiter Faktor hinzu, der bei der Handhabung der Elektronenröhren eine besondere Sorgfalt erfordert, nämlich das in der Röhre enthaltene Vakuum. Sehr schnell können kleinste Beschädigungen dafür sorgen, dass Luft in den Glaskolben eindringt und die Röhre damit unbrauchbar macht. In der folgenden Abbildung 3.6.1 sehen Sie zwei Beispiele für Beschädigungen an Elektronenröhren.

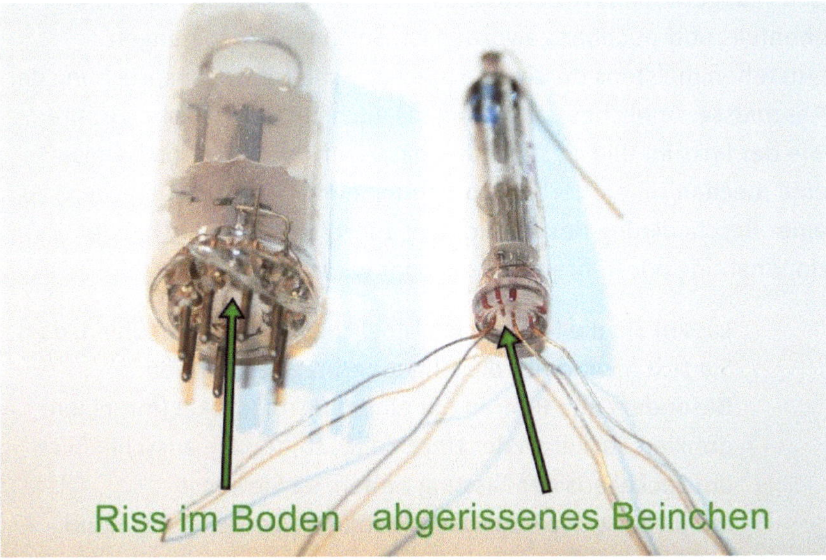

3.6.1 Beschädigte und unbrauchbar gewordene Elektronenröhren

Die Röhre links im Bild haben Sie in diesem Buch schon einmal gesehen. Sie hat einen Riss im Boden, durch den die Luft in das Glasgehäuse eingedrungen ist. Sie sehen das deutlich an der weißlichen Verfärbung im oberen Teil der Elektronenröhre. Normalerweise ist dieser Bereich dunkel. Die helle Verfärbung kommt durch eine spezielle Beschichtung an der Innenseite des Glaskolbens zustande, die sich beim Eindringen von Luft bzw. Sauerstoff weiß verfärbt. Man bezeichnet diese normalerweise dunkle Beschichtung als Getter. Es handelt sich um ein chemisches Material, das dazu dient, im Glaskolben der Röhre verbleibende, geringe Mengen an Gasen zu binden.

Rechts im Bild handelt es sich um eine kleine Batterieröhre, bei welcher der Fehler erst auf den zweiten Blick offensichtlich wird. Es ist ein abgerissenes Anschlussbeinchen, durch das die Röhre leider ebenfalls unbrauchbar geworden ist. Solche Beschädigungen entstehen meistens durch eine mechanische Überbeanspruchung der Anschlüsse. Ähnliches kann übrigens auch bei einer solchen Röhre wie der links im Bild zu sehenden passieren, wenn beispielsweise eine mechanische Überbeanspruchung eines Anschlussbeinchens zu einer Beschädigung des Glaskolbens führt. Beachten Sie bei der Handhabung der Röhren also ein paar wichtige Dinge:

- Lassen Sie die Röhre nach Möglichkeit soweit abkühlen, dass Sie sich nicht mehr die Finger verbrennen können.
- Besonders alte Röhren mit einem Bakelitsockel (mit einem dunklen Sockel an der Unterseite) sollten Sie ausschließlich am Sockel aus der Fassung ziehen, da Sie sonst möglicherweise den Glaskolben ohne Sockel in der Hand halten, also der Sockel abreißt.

- Gegebenenfalls sollten Sie eine leicht kippende Bewegung nach oben hinaus anwenden, damit sich die Röhre besser aus dem Sockel herausziehen lässt.
- Besitzt die Röhre einen Anschluss am Kolbendom, sollten Sie diesen sehr vorsichtig abziehen, bevor Sie die Röhre entfernen.
- Wenn Sie eine Elektronenröhre reinigen wollen, passen Sie besonders auf die Beschriftung auf, die sich sehr schnell ablöst und Sie dann möglicherweise nicht mehr wissen, um was für eine Röhre es sich handelt.
- Reinigen können Sie Elektronenröhren mit einem herkömmlichen Glasreiniger.

Die folgende Abbildung 3.6.2 zeigt eine Elektronenröhre mit einem zerbrochenen Glaskolben.

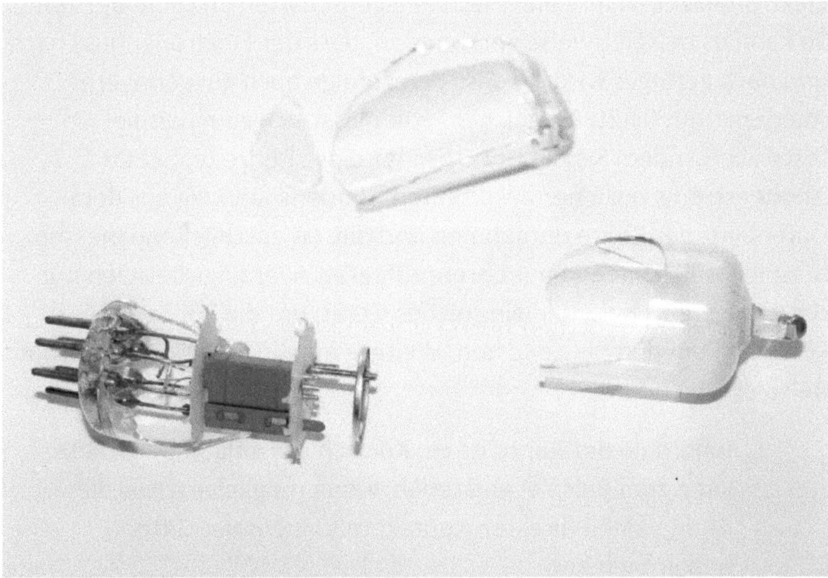

3.6.2 Zerbrochene Elektronenröhre

Eine solche Röhre gibt Ihnen natürlich die Möglichkeit, das Innere einmal genauer unter die Lupe zu nehmen. Allerdings sollten Sie dabei die Verletzungsgefahr durch die scharfen Glasscherben nicht vergessen. Außerdem wäre es schade, eine Röhre zu zerbrechen, nur um sie näher zu untersuchen.

3.7 Andere Defekte an Elektronenröhren erkennen

Es muss nicht immer gleich ein „Totalschaden" in Form eines Glasbruchs die Ursache für den Ausfall einer Elektronenröhre und der entsprechenden Schaltung sein. Häufig verändern die Elektronenröhren ihre elektrischen Eigenschaften im Laufe der Zeit. So kann es beispielsweise vorkommen, dass der Elektronenfluss nach und nach geringer wird, so dass demzufolge auch ein geringerer Anodenstrom fließt. Ein solcher Fehler lässt sich zum Beispiel feststellen, indem Sie die Höhe des für diese Röhre typischen Anodenstroms bei einer bestimmten Anodenspannung aus dem Datenblatt der Röhre entnehmen und diesen anschließend messen, beispielsweise mit einem Röhrenprüfgerät. Allerdings besitzen nur die wenigsten Menschen ein solches Gerät, um die Röhre auf ihre korrekte Funktion hin zu testen. Weitere mögliche Defekte sind zum Beispiel folgende:

- Innerhalb der Röhre ist ein Kurzschluss entstanden. Dieser kann zum Beispiel entstehen, wenn möglicherweise die Anode einen direkten Kontakt mit einem der Gitter bekommen hat.

- Innerhalb der Röhre ist es aufgrund von Erschütterungen zu Wackelkontakten gekommen.
- Die Heizung der Röhre hat eine zu hohe Spannung abbekommen und ist durchgebrannt.
- Es ist Luft in den Glaskolben eingedrungen (was nicht in jedem Fall sofort zu sehen ist).

Leider lassen sich Defekte an den Röhren nicht immer eindeutig feststellen. Auch wenn das Vakuum intakt ist, der Glühfaden glüht und ein Anodenstrom fließt, heißt das noch nicht, dass die Röhre in der für sie vorgesehenen Schaltung fehlerfrei arbeitet. So kann es beispielsweise vorkommen, dass eine Röhre in einem Gerät einwandfrei ihren Dienst verrichtet, während sie in einem anderen Gerät nur mangelhaft arbeitet. Solche Fehlerbilder bei den Röhren hängen zum Beispiel von der Funktion der entsprechenden Schaltung ab und von der Funktion, welche die Röhre in der jeweiligen Schaltung erfüllen muss. Mit anderen Worten: Auch vermeintlich schlechte Röhren können in einem anderen Gerät durchaus noch zufriedenstellend arbeiten, so dass ein Defekt gar nicht weiter auffällt. Definitiv defekt ist eine Röhre allerdings dann, wenn bereits Luft in den Glaskolben eingedrungen ist, sie gar nicht mehr glüht oder wenn zum Beispiel ein offensichtlicher Kurzschluss vorhanden bzw. feststellbar ist.

Kapitel 4: Verschiedene Arten von Elektronenröhren

Wie Sie in den vergangenen Kapiteln bereits erfahren haben, gibt es viele verschiedene Arten von Elektronenröhren, die sich in ihrer Art bzw. in ihrem Aufbau unter anderem durch die Anzahl der Elektroden voneinander unterscheiden. Genau um diese verschiedenen Arten der Elektrodenröhren soll es in diesem Kapitel gehen. Sie lernen die Unterschiede zwischen Trioden oder Tetroden kennen und erfahren, was magische Augen und Bänder sind und wie diese Röhren funktionieren. Außerdem lernen Sie noch einige Röhren besonderer Art bzw. in besonderen Bauformen kennen.

4.1 Zu den verschiedenen Röhrentypen

Zunächst sollen Sie die am häufigsten vorkommenden Röhrentypen kennenlernen, und zwar zusammen mit einigen gängigen Beispielen von Röhrenbezeichnungen, die Ihnen immer mal wieder begegnen werden, wenn Sie es mit Röhrengeräten zu tun haben. Es soll also recht praxisbezogen zugehen, wenn Sie diese Röhrentypen kennenlernen und etwas über ihre Funktion erfahren. Hier ist eine Aufzählung einiger wichtiger und besonders häufig in alten Geräten vorkommender Röhrentypen:

- Diode
- Triode
- Tetrode

- Pentode
- Magisches Auge

Es gibt noch einige weitere Röhren, wobei sich die Bezeichnung des Röhrentyps in der Regel auf die Anzahl der in der Elektronenröhre verwendeten Elektroden bezieht. Doch zunächst zu den gängigsten Röhrenarten.

4.2 Die gängigsten Röhrentypen

Man unterscheidet die verschiedenen Röhrentypen generell durch die Funktion sowie die Anzahl der Elektroden und deren Anordnung. Außerdem gibt es noch verschiedene Röhrenarten, die anhand ihrer Einsatzgebiete oder Stromversorgung unterschieden werden. Doch dazu später mehr. Zunächst zu den wichtigsten Röhrentypen:

- Die **Diode** besitzt eine Anode (a) sowie eine Kathode (k). Nach Anlegen einer Heizspannung kann beim Anlegen einer elektrischen Spannung der Strom von der Kathode zur Anode fließen (physikalische Stromrichtung), und zwar nur in dieser Richtung, wie bei einer Halbleiterdiode auch. Ein früher weitverbreiteter Diodentyp war die EAA91, welche gleich zwei Diodensysteme enthält.
- Die **Triode** hat eine zusätzliche Elektrode in Form eines Gitters (g oder g1) und unterscheidet sich dadurch wesentlich in ihrer Funktion von der Diode. Natürlich fließt auch hier der Strom von der Kathode zur Anode, allerdings kann dieser Stromfluss durch das Gitter beeinflusst werden. Die Triode war die erste Verstärkerröhre. Einige gängige Triodentypen sind folgende: EC92 bzw. PC92, ECC81, ECC83 oder PC88.

- Die **Tetrode** besitzt ein weiteres Gitter, das als Schirmgitter (g2) bezeichnet wird und somit vier Elektroden. Dieses Gitter befindet sich zwischen dem Steuergitter (g1) und der Anode. An diesem Schirmgitter wird gegenüber der Kathode eine möglichst konstante positive Spannung angelegt. Es schirmt dadurch das Steuergitter von der Anode ab. Eine wichtige Eigenschaft dieser Röhre besteht darin, dass durch das Schirmgitter eine Spannungsänderung der Anodenspannung fast gar keinen Einfluss mehr auf die Höhe des Anodenstroms hat. Lediglich die Spannung am Steuergitter beeinflusst die Höhe dieses Stroms.
- Die **Pentode** ist eine Weiterentwicklung der Tetrode mit einem weiteren Gitter, dem so genannten Bremsgitter (g3). Es befindet sich zwischen der Anode und dem Schirmgitter (g2). Diese Elektronenröhre besitzt damit bereits fünf Elektroden. Es handelt sich hierbei um ein sehr weitmaschig aufgebautes Gitter, das elektrisch meist auf der gleichen Spannungsebene liegt wie die Kathode. Bei manchen Röhren ist dieses Gitter sogar intern mit der Kathode verbunden. Wegen seiner weiten Maschen behindert es die von der Kathode ausgestrahlten Elektronen so gut wie gar nicht. Allerdings führt dieses Gitter dazu, dass einige aus der Anode gelangende Elektronen (die so genannten Sekundärelektronen) wieder zurück zur Anode gelenkt werden. Beispiele für gängige Röhren dieses Typs sind folgende: EF80, EF83, EL34, EL84, EL95.
- Das **Magische Auge** ist eigentlich auch eine spezielle Röhre. Sie dient dazu, ein elektrisches Steuersignal in ein Leuchtsignal umzusetzen. Vielleicht kennen Sie die Anzeigeröhren in alten Röhrenradios, die grünlich leuchten und die Senderstärke anzeigen. Auch in Tonbandgeräten sind diese Röhren häufig vorhanden. Hier dienen sie meistens als

Aussteuerungsanzeigen für die Aufnahmeaussteuerung. Gängige Typen von Magischen Augen sind folgende: EM80, EM84 oder EM85.

4.3 Die so genannten Mehrfachröhren oder auch Verbundröhren

Eine Gattung der Elektronenröhre sollte natürlich an dieser Stelle ebenfalls erwähnt werden, da sie im Bereich der Röhrentechnik eine sehr wichtige Stellung einnimmt. Es handelt sich um die so genannte Mehrfachröhre oder Verbundröhre. Diese Röhre vereint gleich mehrere Röhrensysteme, die allerdings meist elektrisch voneinander getrennt sind. Beispiele für solche Röhren haben Sie bereits kennengelernt, nämlich die ECC81, die ECC82 und die ECC83, die jeweils gleich zwei Trioden enthalten. Diese Röhren ermöglichen den platzsparenden und preisgünstigeren Aufbau von elektronischen Geräten wie zum Beispiel Röhrenradios oder Verstärkern.

Die ECC83 beispielsweise wurde häufig als Vorverstärkerröhre eingesetzt. Mithilfe einer einzigen Röhre können so zwei Verstärkerstufen (gegebenenfalls für beide Stereokanäle) mit einer einzigen Röhre aufgebaut werden. Neben der ECC83 gibt es noch einige weitere gängige Typen von Mehrfachröhren: ECL82, ECL86, EABC80, ELL80 und einige mehr. In der folgenden Abbildung 4.3.1 sehen Sie zwei dieser Mehrfachröhren. Die einzelnen Systeme dieser Röhren sind hier sehr gut zu sehen.

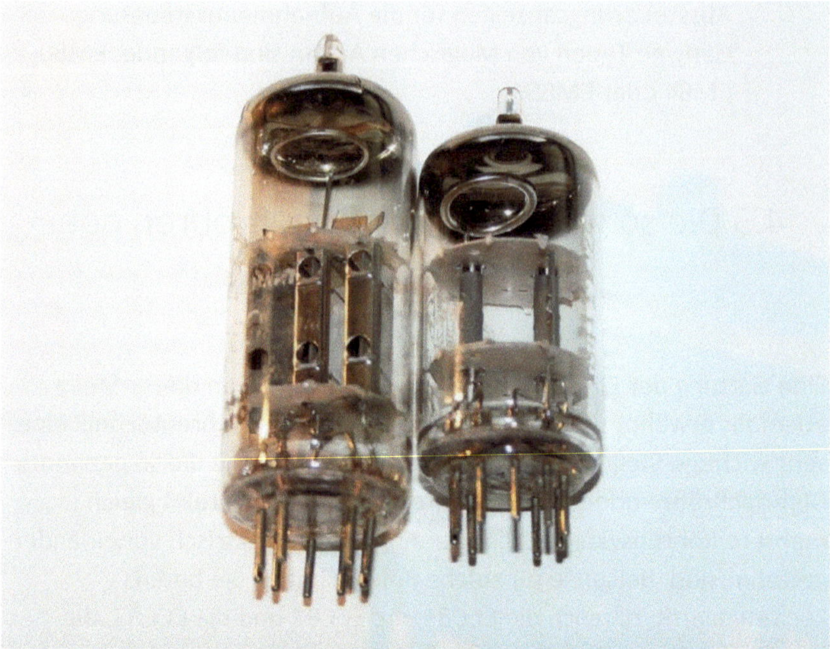

4.3.1 Zwei Mehrfachröhren (links: EABC80, rechts: ECC83)

4.4 Hexode und Co.: noch mehr Elektroden

Es gibt Röhren mit noch mehr Elektroden wie zum Beispiel die **Hexode** mit sechs Elektroden, von denen schon vier alleine Gitter sind. Die **Heptode** ist eine so genannte Fünfgitterröhre, woraus bereits die Anzahl der vorhandenen Gitter hervorgeht. Es sollte allerdings dazu gesagt werden, dass einige dieser Gitter bereits intern mit anderen Anschlüssen verbunden sind. Auch **Oktode**n mit sechs Gittern oder **Enneode**n mit sieben Gittern wurden seinerzeit hergestellt. Diese Röhren werden heute für Bastelzwecke nicht mehr so häufig eingesetzt. Sie werden an dieser Stelle mehr oder weniger nur der Vollständigkeit halber erwähnt.

4.5 Noch mehr Arten von Elektronenröhren

Ebenfalls der Vollständigkeit halber sollen noch einige weitere Elektronenröhrentypen Erwähnung finden, die zum Teil heute sogar noch verwendet werden. Beim Basteln spielen diese Röhren meistens ebenfalls eine eher geringe Rolle. Trotzdem ist es interessant zu wissen, welche Elektronenröhren noch gebaut wurden und zum Teil auch noch hergestellt werden. Hier sind einige davon:

- **Bildaufnahmeröhren**, die für die Aufnahme und Verstärkung von Licht eingesetzt werden.
- **Braunsche Röhren** bzw. **Bildröhren** zur Anzeige von Bildern auf einem Bildschirm. Diese Röhren wurden früher in Fernsehgeräten, Computermonitoren oder Oszilloskopen eingesetzt. Sie wurden inzwischen weitgehend von Flachbildschirmen abgelöst.
- **Röntgenröhren** finden immer noch Verwendung in der Medizintechnik, in der Werkstoffprüfung oder innerhalb der Warenabfertigung.
- **Plumbicons** als Bildsensoren für Videokameras werden heute nur noch für ganz spezielle Einsatzbereiche verwendet, in denen Mikrochips für die Bildaufnahme nicht eingesetzt werden können.
- **Klystrons** dienen als Sendeverstärker im Mikrowellenbereich, beispielsweise für die Nutzung in Radaranlagen.

- **Magnetrons** dienen als Spezialröhren, die in Mikrowellengeneratoren eingesetzt werden, beispielsweise in Mikrowellenherden.
- **Fluoreszenzanzeigen** (VFDs, Vakuum-Fluoreszenzdisplays) sind spezielle Anzeigeröhren und kommen heute noch zum Einsatz in vielen Geräten der Heimelektronik wie etwa in Videorekordern oder DVD-Playern. Sie können Ziffern, Buchstaben oder festgelegte Symbole und Zeichen darstellen.

Dies ist nur eine geringe Auswahl an Elektronenröhren, die keinerlei Anspruch auf Vollständigkeit erhebt. Einige davon werden Ihnen sicherlich einmal in der Bastelpraxis begegnen.

4.6 Röhren identifizieren

Um Elektronenröhren verschiedener Hersteller auseinanderhalten und besser identifizieren zu können, entstand in den 1930er Jahren eine Art „Röhrencode", da bis zu diesem Zeitpunkt jeder Hersteller seine Röhren nannte, wie er wollte. Wenn Sie sich schon etwas mit der Elektronik beschäftigt haben, wissen Sie, dass auch andere Bauteile eine einheitliche Typenbezeichnung haben, auch wenn sie von verschiedenen Herstellern stammen. Im Laufe der folgenden Jahrzehnte wurden zahlreiche (man könnte auch sagen, unzählige) Röhrentypen entwickelt. Um einigermaßen einen Überblick zu erhalten, soll Ihnen an dieser Stelle eine kleine Auflistung helfen, diesen Code zu entschlüsseln. Es handelt sich übrigens um das europäische Schema zur Bezeichnung von Elektronenröhren, das seinerzeit (etwa um 1933/34) von den Firmen Philips und Telefunken entwickelt bzw. beschlossen wurde. Anhand dieses Typensystems lassen sich verschiedene Daten einer Elektronenröhre schon alleine aus der Typenbezeichnung ersehen wie zum Beispiel die Heizungsart oder auch die Funktion der Röhre. Auch die Sockelart wird durch dieses System erkennbar. Anschließend folgen noch ein paar Beispiele für Röhrenbezeichnungen, größtenteils von gängigen Röhrentypen.

Das System beginnt mit einigen Buchstaben (in der Regel zwei bis vier Buchstaben), gefolgt von mehreren Ziffern und in einigen Fällen von einem zusätzlichen Buchstaben.

1.Buchstabe: Heizung (Spannung oder Strom)	2. – 4. Buchstabe: System bzw. Funktion	Zahl: Sockelart
A: 4V	A: Diode	1 – 9: Außenkontakt-Sockel
B: 180mA	B: Zweiwegdiode	10 – 19: Stahlröhrensockel
C: 200mA	C: Triode	20 – 29: Oktal- und Loktalröhren
D: 1,4V	D: Leistungstriode	30 – 39: Oktalsockel
E: 6,3V	E: Tetrode	40 – 49: Rimlocksockel
F: 12,6V	F: Pentode	50 – 60: Verschiedene Sockel
G: 5V	H: Hexode o. Heptode	61 – 79: Verschiedene Sockel
H: 150mA	K: Oktode	80 – 89: Novalsockel
K: 2V aus Bleizelle	L: Leistungstetrode oder Pentode	90 – 99: Pico-7-Sockel
L: 450mA	M: Anzeigeröhre	180 – 189: Novalsockel
O: keine Heizung	N: Thyratron	190 – 199: Pico-7-Sockel
P: 300mA in Reihe	Q: Enneode	200 – 209: Dekalsockel
U: 100mA in Reihe	T: Zählröhre	280 – 289: Novalsockel
V: 50mA in Reihe	W: Leistungsdiode mit spezieller Gasfüllung	500 – 599: Magnovalsockel
X: 600mA in Reihe	X: dito als Zweiweg-Leistungsdiode	800 – 899: Novalsockel
Y: 450 mA in Reihe	Y: Einweg-Leistungsdiode	900 – 999: Pico-7-Sockel
Z: keine Heizung	Z: Zweiweg-Leistungsdiode	

Die Mehrfachröhren sind durch weitere Buchstaben gekennzeichnet. Nach dem Buchstaben für die Heizung folgen dann zwei bis drei weitere Buchstaben für die Röhrenfunktionen. Hier sind einige Beispiele: ECC (2xCC= Doppeltriode), ECL (C = Triode und L = Leistungspentode) oder EABC (A = Diode, B = Zweiwegdiode und C = Triode), alle mit einer Heizspannung von 6,3 Volt (wegen des Buchstabens E am Anfang). Wenn mehrere Buchstaben vorkommen, werden diese in alphabetischer Reihenfolge aufgeführt.

In der Praxis werden Ihnen wahrscheinlich nur einige, wenige Heizspannungen, Sockelarten oder Röhrentypen unterkommen. Einige Röhrentypen kommen sehr häufig vor, andere dagegen sind inzwischen extrem selten geworden.

In der heutigen Zeit werden sehr oft die so genannten E-Röhren oder die P-Röhren zum Basteln verwendet, da diese noch aus sehr vielen alten Geräten der Unterhaltungselektronik in recht großer Anzahl zur Verfügung stehen.

Vereinzelt werden Sie auch Batterieröhren (mit einem D beginnend) oder U-Röhren aus alten Radiogeräten für den so genannten Allstrombetrieb vorfinden. Bei Letzteren sind die Heizungen der Röhren zusammen mit einem Widerstand in Reihe direkt an der Netzspannung betrieben worden. In diesem Fall konnte man sich den Netztransformator in einem Radiogerät sparen, außerdem konnte das Gerät sowohl mit einer Gleichspannung als auch mit einer Wechselspannung betrieben werden. Diese Geräte sind allerdings heute relativ selten geworden.

4.7 Gängige Sockelarten und Anschlussbelegungen

Auf die Sockelarten und die Anschlussbelegungen soll an dieser Stelle eingegangen werden. In der folgenden Abbildung 4.7.1 sehen Sie einige gängige Röhren mit verschiedenen Sockelarten.

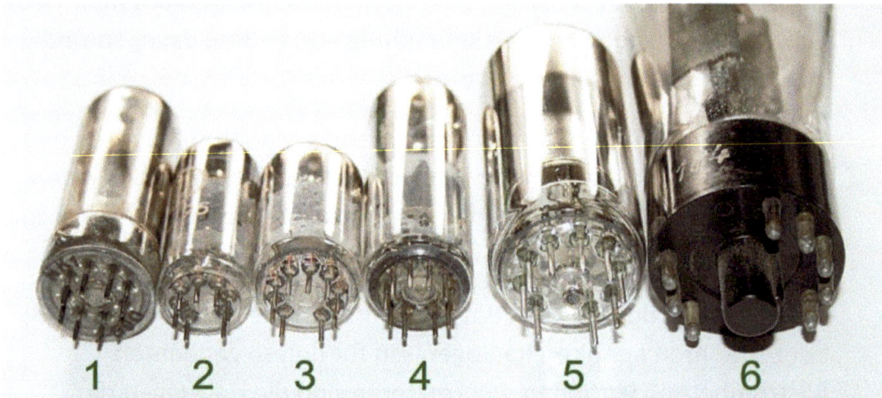

4.7.1 Verschiedene Sockelarten

Hier sind einige Erläuterungen zu den Röhrenarten bzw. Sockelarten. Die meisten Röhrensockel haben an einer Stelle unterschiedliche Abstände zwischen den einzelnen Anschlüssen, wie Sie bei den Sockelarten 2 bis 5 deutlich erkennen können (jeweils unten in der Abbildung). Der Sockel mit der Nummer 6 weist zwei Anschlussgruppen mit unterschiedlichen Anzahlen von Anschlusspins auf. Eine Ausnahme bildet lediglich der so genannte Rimlock-Sockel mit der Nummer 1. Doch zunächst zu den einzelnen Bezeichnungen der Sockel und deren Besonderheiten bzw. Eigenschaften:

1. Der **Rimlock-Sockel** B8A hat acht Anschlüsse. Es gibt keine Stelle mit einem größeren Abstand zwischen zwei

Anschlusspins. Die richtige Einbaulage der Röhre wird sichergestellt durch einen Einrastbuckel im unteren Bereich des Glaskolbens. Pin 1 befindet sich rechts von diesem Einrastbuckel.

2. Der **Pico-7-Sockel** B7G hat dem Namen nach sieben Anschlüsse. Der erste Anschluss ist der links vom größeren Abstand befindliche.
3. Der **Noval-Sockel** B9A ähnelt dem B7G, hat aber neun Anschlüsse. Auch hier befindet sich der erste Anschluss links vom größeren Abstand.
4. Der **Dekal-Sockel** kann sehr schnell mit dem Noval-Sockel verwechselt werden, hat aber einen Anschlusspin mehr.
5. Der **Magnoval-Sockel** wird für etwas größere Röhren (beispielsweise Leistungsröhren) verwendet und hat neun Anschlüsse, wobei auch der erste links vom größeren Abstand gelegen ist. Der Lochkreis ist allerdings mit 19 mm deutlich größer als beim Noval-Sockel.
6. Der **Stahlröhren-Sockel** Y8A hat zwei Stiftgruppen. Die Anschlüsse werden vom rechten Stift der Dreiergruppe an im Uhrzeigersinn durchgezählt. Röhren mit diesem Sockel findet man beispielsweise in sehr alten Radiogeräten, die bis etwa Anfang der fünfziger Jahre hergestellt wurden.

Wie Sie gesehen haben, haben die meisten Röhren einen etwas größeren Abstand zwischen einzelnen Anschlüssen, damit die richtige Einbaulage der Röhre leicht gefunden wird. Eine Ausnahme bildet der Rimlock-Sockel. Die Abstände zwischen den einzelnen Anschlüssen sind gleich, allerdings besitzt die Röhre eine Art Nase an einer bestimmten Stelle. Ähnlich ist es auch beim passenden Sockel, der eine entsprechende Aussparung an der richtigen Stelle besitzt. Sehen Sie sich dazu auch die Abbildung 4.7.2 an.

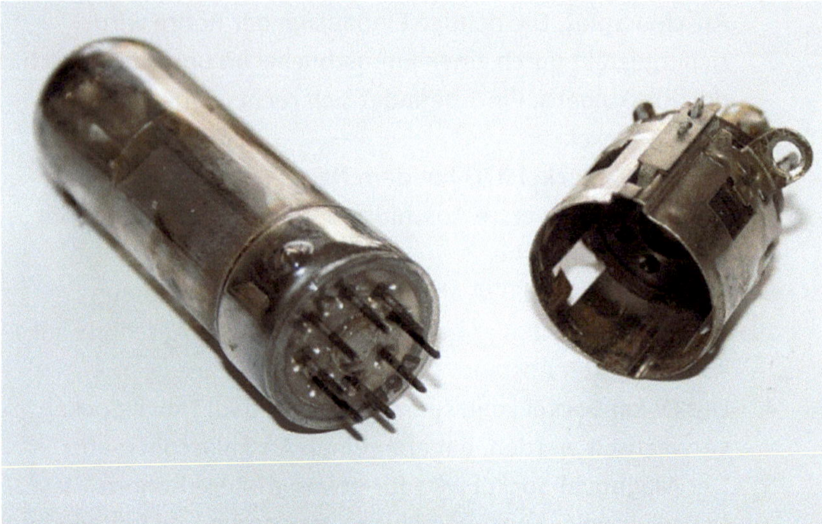

4.7.2 Rimlock-Röhre mit acht Anschlüssen und dazu passender Sockel

Auch solche Röhren sind vereinzelt noch anzutreffen, sehr häufig in Geräten, die bis Anfang oder Mitte der fünfziger Jahre gebaut wurden. Einige der Röhren dieser Bauart besitzen im unteren Bereich auch einen Metallring mit der entsprechenden Nase am Rand, den so genannten Einrastbuckel.

Noch eine Besonderheit einiger Röhren: Normalerweise werden bei den Elektronenröhren die Anschlüsse nach unten herausgeführt und über einen entsprechenden Sockel mit der übrigen Schaltung des Gerätes verbunden. Es gibt allerdings einige Elektronenröhren mit einer separaten Anschlusskappe (die so genannte Anodenkappe), die weit entfernt von den übrigen Anschlüssen angebracht wird, nämlich im oberen Bereich der Elektronenröhre. Einige Anodenanschlüsse von Elektronenröhren für Fernsehgeräte (beispielsweise so genannte Zeilenendröhren) wurden mit einem zusätzlichen Anodenanschluss versehen, beispielsweise beim Auftreten sehr hoher

Spannungsspitzen von mehreren 1000 Volt, bei denen es zu Überschlägen zwischen den einzelnen Sockelstiften kommen könnte. Das ist notwendig, wenn es sehr hohe Spannungen bzw. Spannungsspitzen zwischen den Anschlüssen gibt. Auch Senderöhren mit einer sehr hohen Leistung wurden häufig mit einem separaten Anschluss im oberen Bereich der Röhre versehen. In Abbildung 4.7.3 sehen Sie zwei Röhren mit einer solchen Anschlusskappe bzw. Anodenkappe.

4.7.3 Separate Anschlüsse an Elektronenröhren

Diese Anschlüsse werden übrigens nicht nur wegen der sehr hohen Spannungen verwendet, sondern auch dann, wenn eine gewisse räumliche Distanz zu den anderen Anschlüssen schaltungstechnisch notwendig war, beispielsweise bei einigen Schaltungen, die mit sehr hohen Frequenzen arbeiteten. Durch diese Anschlussarten entsteht allerdings auch der Nachteil eines höheren Aufwands bei der

Röhrenherstellung und auch beim Bau von Geräten, in denen diese Röhren zum Einsatz kommen.

4.8 Von Magischen Augen und Bändern

Den so genannten Magischen Augen und Bändern soll ein eigener Absatz „gewidmet“ werden. Es sind gewissermaßen besondere Arten von Elektronenröhren, die alternativ zu in den Geräten eingebauten Zeigerinstrumenten eine Möglichkeit der optischen Kontrolle bieten. Diese Röhren sind mit einem kleinen Leuchtschirm ausgestattet, der durch gelöste Elektronen zum Aufleuchten gebracht wird.

Es handelt sich um das typische grünliche bis bläuliche Leuchten, das viele Röhrengeräte wie beispielsweise Röhrenradios zeigen, wenn sie in Betrieb sind. An dieser Stelle sollen Ihnen einige häufig verwendete Röhren dieser Bauart vorgestellt werden. In der Abbildung 4.8.1 sehen Sie eine der am häufigsten verwendeten Anzeigeröhren, das Magische Band mit der Bezeichnung EM84.

4.8.1 Magisches Band EM84 im Betrieb (Tonbandgerät Grundig TK 40)

Solche Röhren wurden in vielen Geräten eingebaut, unter anderem in Radiogeräten als Abstimmungsanzeige oder in Tonbandgeräten als Anzeige für die Aufnahmeaussteuerung. Auch die in der Abbildung gezeigte Röhre befindet sich in einem solchen Bandgerät.

4.9 Verschiedene Arten von Magischen Augen und Bändern

Das eben gezeigte Magische Band ist nur eine Bauart bzw. Anzeigeart. Der Name Magisches Band ist vom Magischen Auge abgeleitet, das Band entspricht dabei der Form der Anzeige. Das Magische Auge hat eine runde Form, bestehend aus einem Leuchtring mit sich verändernder Leuchtstärke und einem dunklen

Bereich in der Mitte, ähnlich der Pupille eines Auges, daher der Name. Der Begriff an sich ist eine umgangssprachliche Bezeichnung einer Anzeigeröhre, da für viele technische Laien diese Art der Anzeige etwas Geheimnisvolles hatte (und möglicherweise auch heute noch hat). Daher rührt wohl der in Verbindung mit magischen Eigenschaften gebrachte Name. Einen Magischen Fächer sehen Sie in der folgenden Abbildung 4.9.1. Die helle Leuchtfläche, die in der Abbildung nur an den Rändern links und rechts zu sehen ist, wird mit zunehmender Ansteuerung der Anzeigeröhre größer, sie breitet sich dann in Richtung Mitte des Leuchtschirmes aus.

4.9.1 Magischer Fächer in einem Tonbandgerät (Saja, um 1950)

4.10 Gängige Anzeigeröhren

Es gibt (bzw. gab) einige sehr häufig verwendete Anzeigenröhren. Bei der EM80 handelt es sich um einen Magischen Fächer (siehe linke Röhre in der folgenden Abbildung), die EM84 und EM87 sind Magische Bänder mit einer länglichen Anzeigefläche. Äußerlich sind sie kaum auseinanderzuhalten. Die EM87 besitzt lediglich eine wesentlich höhere Empfindlichkeit, sie kann also mit einer wesentlich geringeren Signalstärke angesteuert werden. In der Abbildung 4.10.1 sehen Sie einen Magischen Fächer sowie drei Magische Bänder.

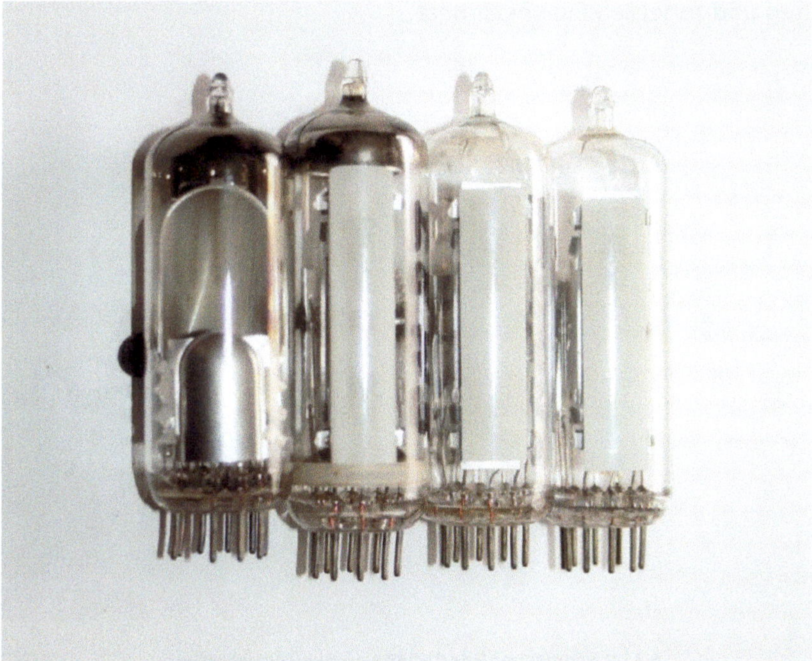

4.10.1 Mehrere Anzeigeröhren (EM80, 2xEM84, EM87)

4.11 Ein Magisches Band EM84 in Betrieb nehmen

Die Ansteuerung einer solchen Anzeigeröhre ist im Prinzip gar nicht so schwer. Es wird lediglich eine sehr hohe Betriebsspannung für die Röhre benötigt, da diese im Gegensatz zu vielen anderen Röhrentypen leider nicht mit einer geringen Spannung betrieben werden kann. In der folgenden Abbildung 4.11.1 sehen Sie einen einfachen Versuchsaufbau. Die Hochspannung für diese Schaltung stammt übrigens aus einer modifizierten Blitzlichtschaltung aus einer alten und zerlegten Einwegkamera.

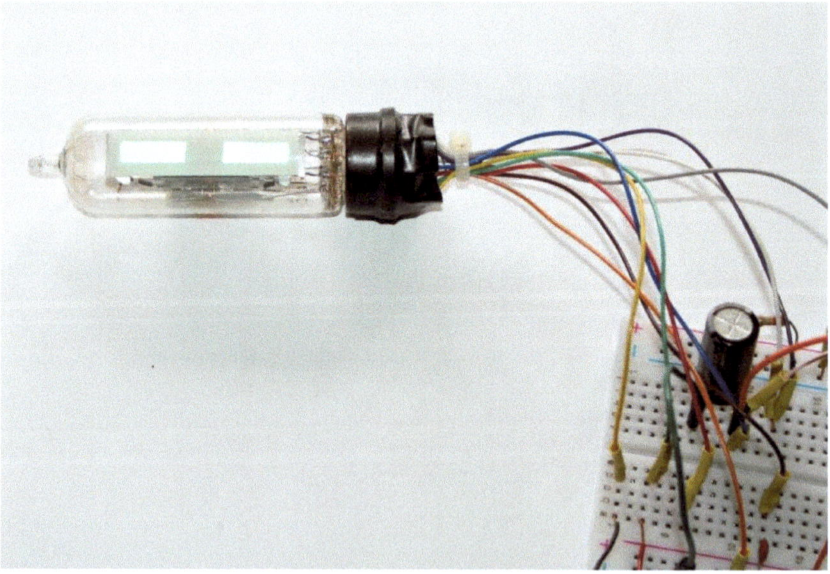

4.11.1 Magisches Band EM84 an der Testschaltung

4.12 Die Testschaltung für die EM84

Die Beschaltung ist relativ einfach aufgebaut. Sie sehen diese im folgenden Schaltbild in Abbildung 4.12.1. Es werden nur wenige externe Bauteile benötigt. Der Anschluss +6,3V ist für die Heizspannung der Röhre vorgesehen, der Anschluss mit der Bezeichnung HV benötigt eine Spannung von etwa 200 Volt, die aus einer alten Blitzlichtelektronik bereitgestellt wurde. Sie sollten diesen Anschluss aus Gründen der Sicherheit keinesfalls mit der Netzspannung verbinden, sollten Sie eine ähnliche Schaltung aufbauen wollen.

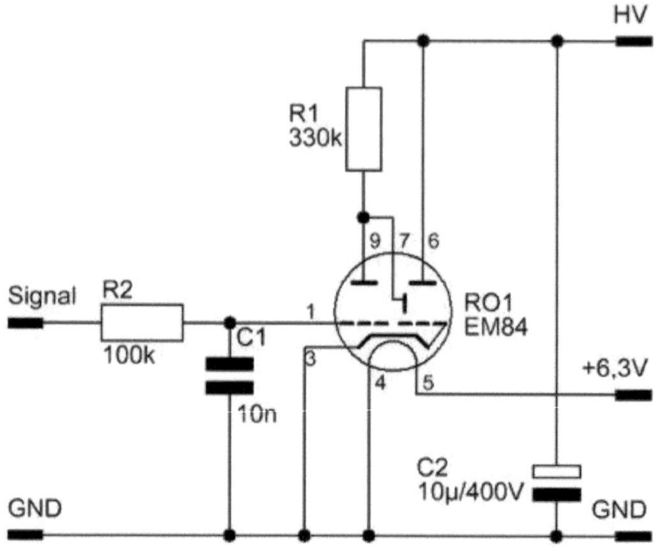

4.12.1 Ansteuerung der EM84

4.13 Die Bereitstellung der erforderlichen Hochspannung

Wie erwähnt, wurde die Hochspannung zum Betrieb dieser Schaltung mithilfe einer alten Blitzlichtelektronik aus einer Einwegkamera bereitgestellt. Dazu wurde die Elektronik aus der Kamera ausgebaut, der Blitzlicht-Elektrolytkondensator wurde vorsichtig entladen und ausgelötet. Das Entladen wurde mithilfe eines hochohmigen Widerstandes und eines parallel dazu angeschlossenen Spannungsmessgerätes durchgeführt. Der originale Batteriehalter wurde ebenfalls ausgebaut, stattdessen habe ich einen externen Batteriehalter für eine Mignonzelle verwendet. Das Blitzlicht konnte ebenfalls entfernt werden, anschließend wurde der Hochspannungsausgang dieser Schaltung mit der Ansteuerungselektronik für die EM84 verbunden.

Ich kann an dieser Stelle nur die generelle Vorgehensweise beschreiben, da sich die verschiedenen Schaltungen für solche Einwegkameras vermutlich doch sehr stark voneinander unterscheiden, so dass eine genaue Anleitung nur sehr schlecht geschrieben werden kann. Wie der Umbau der hier verwendeten Blitzlichtelektronik erfolgte, dazu finden im Internet eine Webseite (https://www.bastelnmitelektronik.de, unter weitere Schaltungen, Geräte und Basteleien). In der folgenden Abbildung 4.13.1 sehen Sie die ausgebaute Blitzlichtelektronik sowie die gleiche Schaltung in Verbindung mit der Ansteuerungselektronik für die Anzeigeröhre.

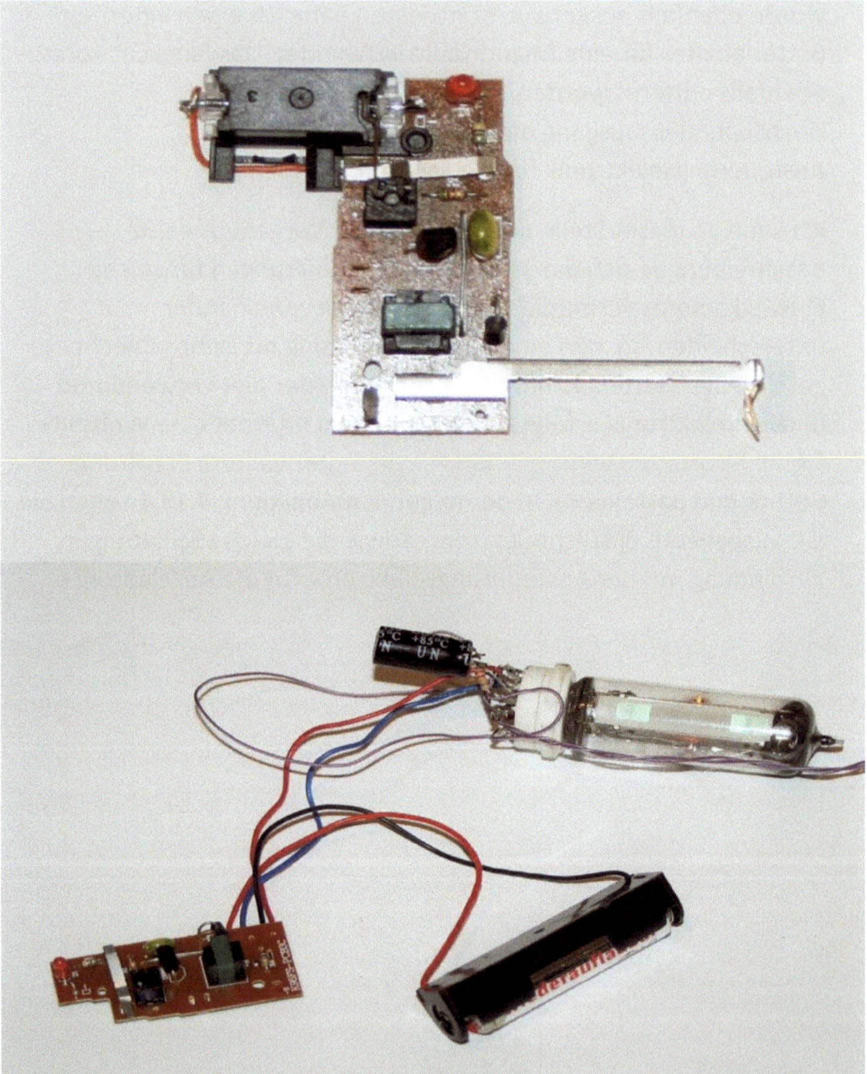

4.13.1 Blitzlichtelektronik aus der Einwegkamera (oben) und deren Einsatz als Stromversorgung für die EM84 (unten)

Die 6,3 Volt Heizspannung für die EM84 wurden durch ein externes Steckernetzteil (nicht im Bild zu sehen) bereitgestellt. Mit dieser einfachen Schaltung ist es möglich, verschiedene Anzeigenröhren auszuprobieren. Lediglich die Anschlussbelegung der Röhren muss dabei jeweils an die Sockelbelegung der verwendeten Röhre angepasst werden.

Kapitel 5: Schaltungen mit Elektronenröhren aufbauen

Einige Elektronenröhren benötigen tatsächlich recht hohe Spannungen von mehreren 100 Volt, um einwandfrei zu funktionieren. Leistungsverstärker für Audioanwendungen beispielsweise benötigen diese Spannungen, um eine ausreichend hohe Ausgangsleistung zu produzieren. Auch die schon gezeigten Magischen Augen oder Bänder gängiger Bauart benötigen diese hohen Spannungen. Bei vielen anderen Röhren ist dies jedoch nicht immer notwendig. Für einfache Versuche oder Probeschaltungen mit Elektronenröhren genügen auch wesentlich geringere Spannungen. Dies haben die ersten Versuche in diesem Buch bereits gezeigt.

Oft sind es bereits Spannungen von 6 oder 12 Volt, die für einfache Versuche bereits ausreichen. Das hat gleich mehrere Vorteile. Bei der Nutzung solcher geringer Betriebsspannungen besteht keine Gefahr eines gefährlichen Stromschlages, außerdem können Sie sogar oft die für die Heizung der Elektronenröhre benötigte Betriebsspannung gleichzeitig für die eigentliche Röhrenschaltung verwenden. Es ist daher nur eine einfache Spannungsversorgung notwendig.

Dieser geringe Aufwand beim Bau eigener Schaltungen sollte nicht unterschätzt werden, gerade dann, wenn Sie möglicherweise die ersten Versuche mit Elektronenröhren durchführen möchten oder einige Aufbauten zum besseren Verständnis der Funktionsweise der Röhren ausprobieren wollen. Viele heutige Experimentiersysteme für die Technik der Elektronenröhren setzen ebenfalls auf ungefährliche Spannungen im Bereich von bis zu einigen 10 Volt.

Ein anderer Punkt sollte ebenfalls berücksichtigt werden: Für hohe Röhrenspannungen ausgelegte Netzteile und Bauteile sind mitunter sehr schwer zu bekommen. Dies gilt vor allem für die Netzteile, welche die für die üblichen Röhrenschaltungen notwendigen Ausgangsspannungen in Höhe von etwa 250 Volt oder mehr liefern müssen, und das zusätzlich zur Ausgangsspannung für die Röhrenheizung, die meist 6,3 Volt beträgt. Günstig kommen Sie an solche Netztransformatoren höchstens noch durch das Ausschlachten eines alten Röhrengerätes wie beispielsweise eines Radios oder Tonbandgerätes.

5.1 Müssen es gleich hohe Spannungen sein?

Nein, keinesfalls, um die Frage gleich zu beantworten. Hohe Anodenspannungen benötigen Sie nur aus den am Anfang dieses Kapitels genannten Gründen. Für folgende Anwendungszwecke werden nur relativ geringe Betriebsspannungen benötigt:

- einfache Röhrenexperimente zum Kennenlernen der Röhrentechnik und der Funktionsweise der Elektronenröhren
- einfache Schaltungen, in denen keine hohen elektrischen Leistungen notwendig sind
- Schaltungen ohne Anzeigeröhren
- Schaltungen, die speziell für Batterieröhren ausgelegt sind

Wenn Sie die ersten in diesem Buch vorgestellten Schaltungen selbst einmal aufgebaut haben, werden Sie bereits die Ähnlichkeit der Röhrenschaltungen und deren Funktion zur Transistortechnik bemerkt haben. Möglicherweise wurde Ihnen damit bereits die erste Scheu genommen, die Sie von Experimenten mit Elektronenröhren bisher vielleicht abgehalten hat. Dass keine hohen Spannungen benötigt werden, ist wahrscheinlich ein weiterer, dafür aber nicht weniger wichtiger Grund, sich näher mit der Röhrentechnik zu beschäftigen.

5.2 Die Heizspannung für die Elektronenröhre

Dennoch benötigen Sie immer eine passende Heizung für die von Ihnen verwendeten Elektronenröhren. Handelt es sich um so genannte E-Röhren, liegt die Heizspannung bei 6,3 Volt. Für einige der Röhrenexperimente benötigen Sie jedoch eine Anodenspannung von 12 Volt oder mehr. Sie sollten also ein entsprechendes Netzgerät für die Röhrenexperimente zur Verfügung haben, entweder eines mit zwei Ausgangsspannungen (eine für die Heizspannung und eine für die Anodenspannung) oder zwei getrennte Netzteile verwenden. Für den Betrieb der Röhrenheizung beispielsweise reicht bereits ein einfaches Steckernetzteil mit einer Spannung von 6 Volt aus, wenn nur eine oder zwei Röhren mit einer Heizspannung versorgt werden müssen.

Denken Sie aber immer daran, dass das Netzteil eine ausreichend hohe Stromstärke liefern muss, vor allem dann, wenn gleich mehrere Elektronenröhren betrieben werden sollen. In einigen Fällen ist es auch möglich, die Heizspannung ebenfalls an ein Netzteil mit 12 Volt Ausgangsspannung anzuschließen. Beispielsweise ist dies bei den Elektronenröhren der Typen ECC81, ECC82 oder ECC83 der Fall, welche wahlweise an einer Heizspannung in Höhe von 6,3 Volt oder 12,6 Volt betrieben werden können. Möchten Sie so genannte P-

Röhren aus alten Fernsehern verwenden, benötigen diese eine Stromstärke für die Röhrenheizung von 300 Milliampere, haben dafür allerdings unterschiedliche Heizspannungen. Die PL84 beispielsweise benötigt eine Heizspannung in Höhe von 12,5 Volt (kann also an einem Ausgang mit 12 Volt betrieben werden). Auch andere Verstärkerröhren wie zum Beispiel die PL95 werden gerne für das Elektronikbasteln verwendet. Diese Röhre benötigt eine Heizspannung in Höhe von 4,5 Volt. Ein anderes gängiges Beispiel ist die PCL86, eine gerne für Audioverstärker verwendete Röhre mit einer Heizspannung von ca. 13 Volt, deren Heizung ebenfalls aus einem Netzteil mit einer Ausgangsspannung von 12 Volt gespeist werden kann. Dies sind allerdings nur einige Beispiele.

Benötigen Sie Daten zu anderen Elektronenröhren, geben Sie am besten deren Typenbezeichnung in eine Suchmaschine Ihrer Wahl ein, um zum Beispiel das entsprechende Datenblatt herunterzuladen, in dem unter anderem auch die entsprechenden Heizspannungen angegeben sind. Dies ist sinnvoll bei den schon erwähnten P- oder U-Röhren aus alten Fernseh- und Radiogeräten.

5.3 Die erste Röhrenschaltung aufbauen und ausprobieren

Doch nun zur Praxis. In diesem Abschnitt soll Ihnen eine einfache Röhrenschaltung vorgestellt werden, welche Sie selber aufbauen und daran verschiedene Messungen vornehmen können. Es geht hier in erster Linie darum, die Funktionsweise zu verstehen, erste Messungen durchzuführen und möglicherweise auch ein paar Schaltungsmodifikationen vorzunehmen. Es geht nicht darum, einen

High-End-Verstärker aufzubauen oder Ähnliches. Sie benötigen neben der Elektronenröhre und der dazugehörigen Röhrenfassung eine einfache Stromquelle in Form eines auch heute noch problemlos erhältlichen Netzgerätes, ein Steckboard und einige handelsübliche Bauteile. Also alles nichts Besonderes oder gar Exotisches. Wenn Sie die Schaltung in Betrieb nehmen, denken Sie daran, dass die Röhre einige Sekunden benötigt, um aufzuheizen und betriebsbereit zu sein. Sicherlich kennen Sie dies von einem alten Röhrenradio, das ebenfalls eine Weile braucht, bis es schließlich betriebsbereit ist und die ersten Klänge aus dem Lautsprecher kommen.

Die folgende Schaltung in Abbildung 5.3.1 wird als Basisschaltung zum Probieren und Experimentieren verwendet. Es handelt sich um eine astabile Kippstufe mit einer ECC83, einer Doppeltriode, im Schaltbild als zwei Trioden dargestellt. Sie können alternativ auch eine ECC81 verwenden.

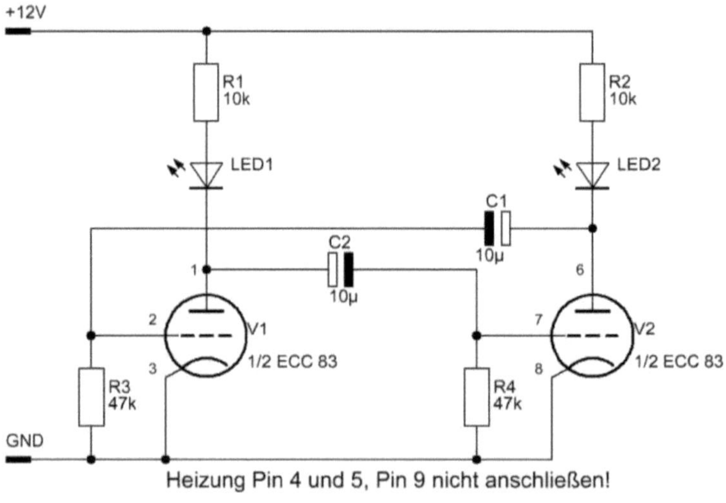

5.3.1 Astabile Kippstufe als Wechselblinker

Nach einigen Sekunden Aufheizzeit für die Röhre sollten die beiden LEDs im Wechsel blinken. Verwenden Sie am besten superhelle LEDs, da sehen Sie das Leuchten bzw. Blinken besser. Diese leuchten auch bei einer geringen Stromstärke ausreichend stark auf, so dass Sie deren Leuchten besser erkennen können. Immerhin fließt durch den Widerstand mit 10 Kiloohm (kΩ) nur ein sehr geringer Strom. Die Abbildung 5.3.2 zeigt einen Versuchsaufbau der Schaltung.

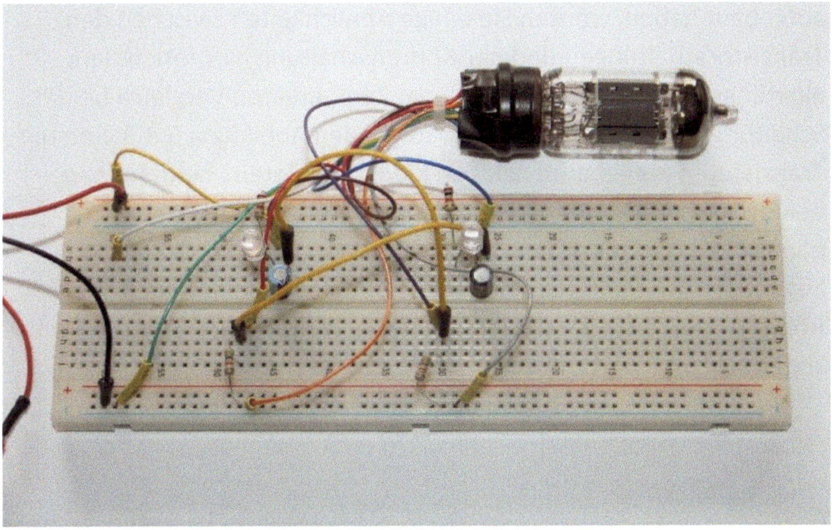

5.3.2 Astabile Kippstufe mit Röhre und LED

Messen Sie doch einmal die Stromstärke, und zwar die durch eine der beiden LEDs. Sie werden feststellen, dass diese äußerst gering ist. Sie können ja einmal ein paar Versuche mit dieser Schaltung machen. Hier sind einige Beispiele:

- Verringern Sie probeweise die Widerstandswerte von R1 und R2 (beispielsweise auf 2,2 kΩ oder 4,7 kΩ) und beobachten Sie, ob die LEDs heller werden oder ob sich die Blinkfrequenz ändert.

- Auch die Widerstandswerte von R3 und R4 sollten Sie ruhig einmal verändern, zum Beispiel statt 47 kΩ welche mit 100 kΩ verwenden.
- Sie können die Blinkfrequenz auch ändern, indem Sie die Kapazitätswerte der beiden Elektrolytkondensatoren C1 und C2 verändern.

Wenn Sie schon einmal astabile Kippstufen mit Transistoren aufgebaut haben, werden Sie einige Ähnlichkeiten zwischen den Transistorschaltungen und der Röhrenschaltung hier feststellen, allerdings auch einige Unterschiede. Zum direkten Vergleich beider Schaltungsarten sehen Sie in der folgenden Abbildung 5.3.3 eine mit Transistoren aufgebaute astabile Kippstufe. Bereits beim Aufbau beider Schaltungen werden Sie einige Unterschiede feststellen, nämlich die enorme Platzersparnis der Transistorschaltung gegenüber der Röhrenschaltung. Sie benötigen keinen separaten Röhrensockel, stattdessen lediglich zwei winzig kleine Transistoren, zumindest im direkten Vergleich mit der Elektronenröhre.

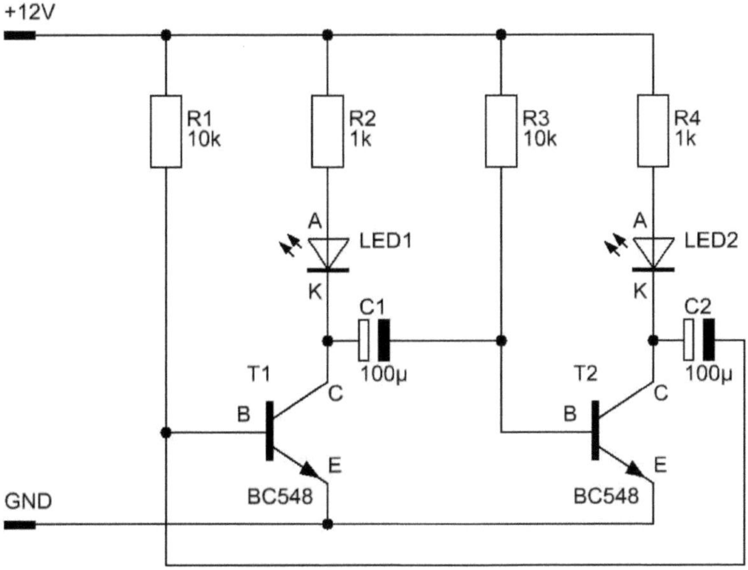

5.3.3 Astabile Kippstufe mit Transistoren

Auch wenn die Zweifachröhren ECC81 oder ECC82 jeweils zwei Triodensysteme enthalten, ist die Platzersparnis der Transistorschaltung dennoch enorm. Es gibt aber noch ein paar weitere Unterschiede:

- Die für die Elektronenröhre notwendige Heizspannung fällt komplett weg, dadurch hat die gesamte Schaltung eine wesentlich geringere Stromaufnahme.
- Der Transistor kann wesentlich höhere Ströme schalten als die Elektronenröhre (zumindest in dieser Ausführung und bei dieser Betriebsspannung).
- Transistoren sind wesentlich günstiger erhältlich als Elektronenröhren.

Es sind unter anderem diese Gründe, die für eine rasche Verbreitung der Transistoren gesorgt haben. Schließlich hat man schon immer großen Wert darauf gelegt, dass elektronische Geräte möglichst günstig und platzsparend aufgebaut werden können, was mit Elektronenröhren manchmal sehr schwierig wurde. Sehen Sie dazu auch die folgende Abbildung 5.3.4, die beide Schaltungen (mit der Elektronenröhre sowie mit Transistoren) auf einem Steckboard zeigt. Man sieht sehr deutlich den umfangreicheren Aufbau mithilfe der Elektronenröhre und gegenüber der einfachen Transistorschaltung im rechten Teil des Steckboards.

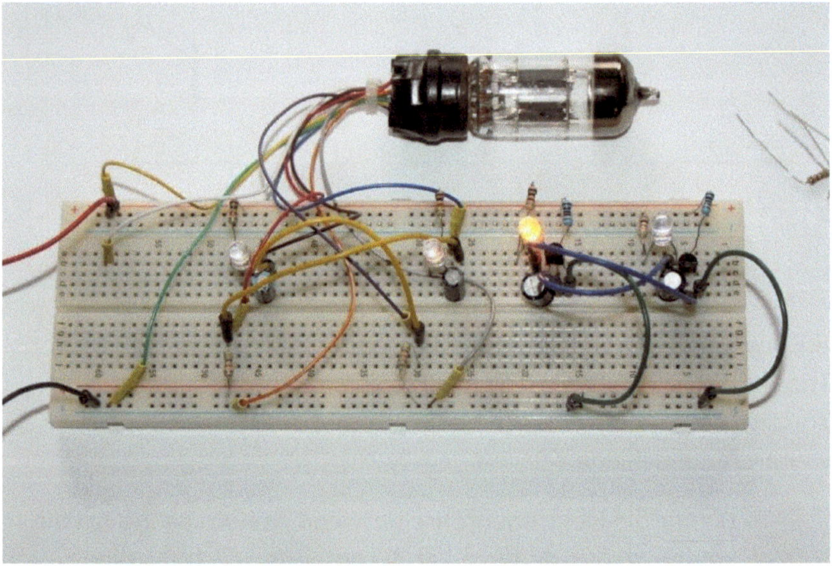

5.3.4 Kippstufen mit Röhre und Transistor

Doch zurück zu dieser Schaltung. Mit einigen Modifikationen kann diese Schaltung auch zweckentfremdet werden, indem sie wesentlich höhere Schaltwechsel, also Frequenzen erzeugt. Sie dient nun nicht mehr dazu, zwei LEDs wechselweise blinken zu lassen, sondern dazu, einen Ton erklingen zu lassen. Das Schaltbild sieht dann aus wie in der Abbildung 5.3.5:

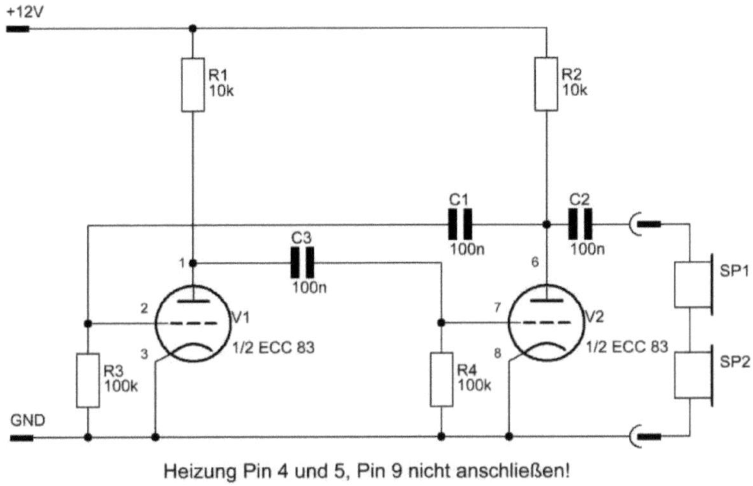

5.3.5 Astabile Kippstufe zur Tonerzeugung

Die Schaltung ähnelt der zuvor vorgestellten einer astabilen Kippstufe mit LEDs als Indikatoren für den wechselnden Stromfluss durch beide Röhrensysteme. Hier wurden die LEDs ersetzt durch zwei Hörerkapseln in einem Kopfhörer. Der Wechsel zwischen den beiden Röhrensystemen erfolgt nun wesentlich schneller, nämlich mit Frequenzen, die bereits im hörbaren Bereich liegen. In anderen Worten: Diese Schaltung hier dient der Klangerzeugung. Der durch diese Schaltung erzeugte Ton ist nicht sehr laut, für die Ansteuerung eines Lautsprechers reicht die Ausgangsleistung dieser Schaltung nicht aus. Man kann aber den Ton deutlich in einem Kopfhörer wahrnehmen. In der folgenden Abbildung 5.3.6 sehen Sie den Versuchsaufbau zu dieser Schaltung. Lediglich der Kopfhörer sowie die Stromversorgung sind nicht in der Abbildung zu sehen.

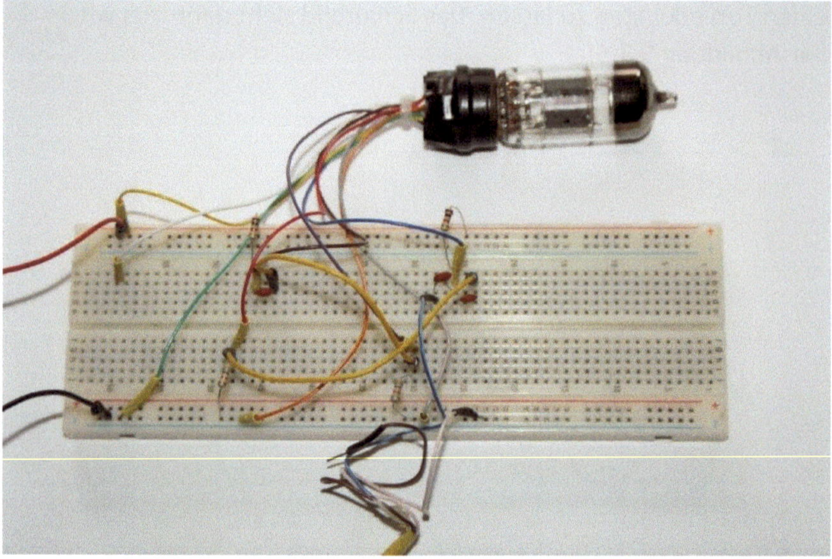

5.3.6 Der Aufbau der Schaltung auf dem Steckboard

Die astabile Kippstufe ist eine sehr universell einsetzbare Schaltungsart, die sich hervorragend zum Experimentieren eignet. Auch diese Schaltung hier erlaubt wieder das Experimentieren mit verschiedenen Bauteilwerten. Probieren Sie ruhig einmal aus, wie sich das Ändern der Kapazitätswerte der beiden Kondensatoren C1 sowie C3 auf die Ausgangsfrequenz der Schaltung auswirkt. Ebenso können Sie die Widerstandswerte von R3 und R4 einmal probeweise verändern und feststellen, wie sich dies auf die Funktion der Schaltung auswirkt. Wenn Sie ein Oszilloskop besitzen, schließen Sie doch einmal den Eingang des Messgerätes an den Ausgang dieser Schaltung an.

5.4 Schalten mit der Elektronenröhre

Selbstverständlich kann eine Elektronenröhre ähnlich wie ein Transistor auch zum Schalten von elektrischen Verbrauchern eingesetzt werden. In älteren Schaltungen wurden meist Verbraucher mit einer hohen Spannung, aber nur einer relativ geringen Stromaufnahme geschaltet wie zum Beispiel eine Glimmlampen oder ein Relais. In diesem Abschnitt geht es um einfache Testschaltungen, mit deren Hilfe ebenfalls elektrische Verbraucher mit relativ geringen Stromstärken geschaltet werden, allerdings auch mit geringen Spannungen, der Sicherheit zuliebe. Das erste Beispiel ist die Schaltung in der folgenden Abbildung 5.4.1, mit deren Hilfe eine LED mit einer LED geschaltet wird.

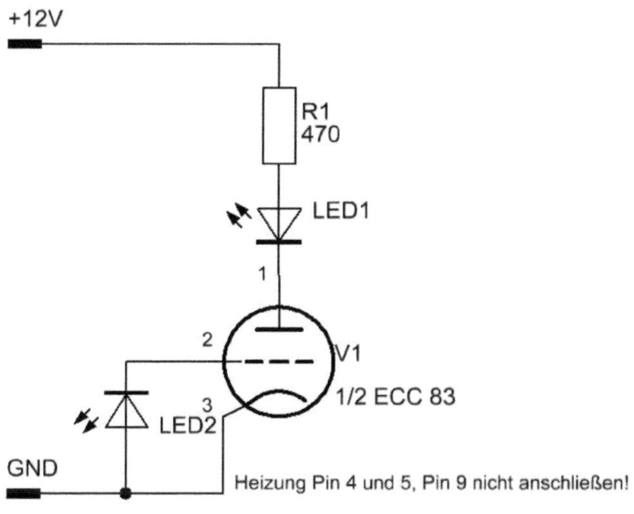

5.4.1 Eine LED mit einer Röhre schalten

Einfacher könnte man so eine Schaltung wohl kaum aufbauen. Um aber deren Sinn zu verstehen, sollten Sie etwas wissen: Eine Leuchtdiode kann in gewisser Weise als eine Art Lichtsensor eingesetzt werden. Dazu wird sie im Gegensatz zum normalen Betrieb als Lichtquelle jedoch in Sperrrichtung betrieben. Im Schaltbild sehen Sie, dass die LED auf der Anodenseite auf Masse liegt. Wie Sie wissen, baut sich am Gitter einer Triode eine geringe negative Spannung auf, sobald die Kathode beheizt wird. Während des Probeaufbaus lag diese Spannung bei etwa -0,5 Volt. Was passiert nun, wenn die am Gitter der Elektronenröhre geschaltete LED direkt mit Licht angestrahlt wird?

- Die anfangs etwa -0,5 Volt betragende Gitterspannung erhöhte sich während des Versuchs auf einen Wert von bis zu etwa -1,5 Volt.
- Durch die erhöhte negative Gitterspannung konnten noch weniger Elektronen von der Kathode zur Anode gelangen.
- Die bei der Inbetriebnahme der Schaltung noch schwach leuchtende LED1 leuchtete dadurch noch schwächer bzw. ging komplett aus.

Der Probeaufbau in der kommenden Abbildung 5.4.2 zeigt es deutlich, dass die LED1 praktisch komplett ausgeht, wenn die quasi als Fotodiode geschaltete LED2 mit Licht angestrahlt wird. Was passiert nun aber, wenn Sie die Polarität der LED2 verändern, die LED also praktisch anders herum in die Schaltung einsetzen?

- Auch hier leuchtete die LED1 zunächst schwach, als die Schaltung in Betrieb genommen wurde und nur wenig Licht auf die zweite LED gelangte.
- Die Kathodenspannung pendelte sich auch hier auf einen Wert von etwa -0,5 Volt ein.

- Beim Anstrahlen der LED mit einer kleinen Taschenlampe verringerte sich die negative Kathodenspannung, beim Probeaufbau ging sie auf etwa -0,3 Volt herunter.
- Als Folge erhöhte sich der Anodenstrom geringfügig, die LED1 leuchtete etwas stärker.

Sie sehen also, dass Sie eine LED auch als Fotodiode schalten können und sich damit sogar eine Elektronenröhre ansteuern lässt. Doch warum funktioniert dies eigentlich?

Halbleiter sind mehr oder weniger lichtempfindlich. Auch eine Leuchtdiode ist ein Halbleiterbauteil. Könnte man beispielsweise einen Transistor aus seinem meist schwarzen Gehäuse herausnehmen, wäre auch dieser lichtempfindlich und könnte für ähnliche Zwecke eingesetzt werden. Eine LED befindet sich logischerweise in einem lichtdurchlässigen Gehäuse und reagiert dementsprechend auch auf das Licht. Genauer gesagt erzeugt die LED eine geringe Spannung, wenn starkes Licht auf sie fällt. Natürlich ist dieser Effekt bei einer Leuchtdiode deutlich geringer als bei anderen, speziell für diesen Zweck hergestellten Bauteilen wie etwa Solarzellen. Dennoch kann man auch hiermit interessante Versuche anstellen. Baut man zum Beispiel eine sehr empfindliche Schaltung auf (entweder mit Röhren oder mit Transistoren), lässt sich eine herkömmliche Leuchtdiode durchaus als Sensor für einen lichtempfindlichen Schalter (Dämmerungsschalter) verwenden.

5.4.2 Probeaufbau der Schaltung auf dem Steckboard

Doch zurück zur Elektronenröhre und deren Einsatz als elektronischer Schalter. Die folgende Schaltung in Abbildung 5.4.3 zeigt eine weitere, sehr einfach gehaltene Testschaltung, bei der nur einige Bauteile am Gitter der Elektronenröhre verändert bzw. ausgetauscht wurden.

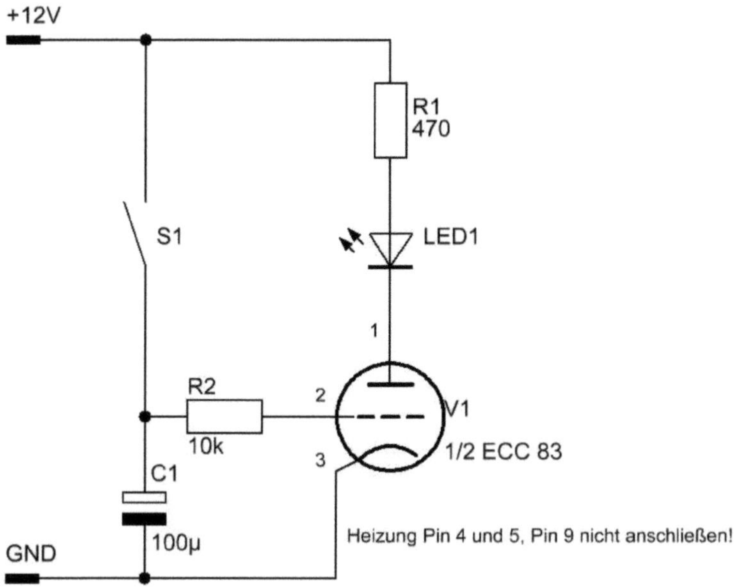

5.4.3 Eine LED wird langsam heruntergefahren

Wird die Schaltung in Betrieb genommen, baut sich an der Kathode wieder eine negative Spannung auf, die sich beim Probeaufbau auf etwa -0,5 Volt erhöhte. Beim Schließen des Schalters S1 veränderte sich die Höhe dieser Spannung, sie erhöhte sich über den Widerstand der R2 auf knapp 0,5 Volt, diesmal allerdings im positiven Bereich. Als Folge können nun Elektronen von der Kathode zur Anode fließen, die Röhre schaltet durch, die LED leuchtet dadurch wesentlich heller. Nach dem Loslassen bzw. Öffnen des Schalters S1 entlädt sich der Kondensator wieder, und zwar über den Widerstand R2 und die durch die Elektronenröhre erzeugte, negative Gitterspannung. Die LED wird nun langsam wieder schwächer und glimmt zum Schluss nur noch schwach. Wenn Sie die Schaltung ausprobieren möchten, schließen Sie doch einmal ein Spannungsmessgerät an die Kathode sowie an Masse an. Die folgende Abbildung 5.4.4 zeigt den Probeaufbau der Schaltung auf dem Steckboard.

5.4.4 Die LED geht langsam aus, wenn der Taster losgelassen wird

Aller guten Dinge sind drei, könnte man sagen. Deshalb folgt an dieser Stelle noch eine dritte Schaltung. Hierbei handelt es sich um einen so genannten Schmitt-Trigger. Eine solche Schaltung dient dazu, um mit einem sich langsam und kontinuierlich verändernden Spannungssignal einen Schaltvorgang auszulösen. Eingesetzt werden solche Schaltungen beispielsweise in Dämmerungsschaltern, in denen durch die langsam untergehende Sonne zu einem gewissen Zeitpunkt Beleuchtungsanlagen aktiviert werden sollen. Um die Wirkung dieser Schaltung zu demonstrieren, wurde an den Eingang der ersten Triode ein Potentiometer geschaltet, mit dem sich problemlos eine langsam in ihrer Höhe veränderbare Spannung erzeugen lässt. Sehen Sie sich zunächst das Schaltbild in der folgenden Abbildung 5.4.5 an.

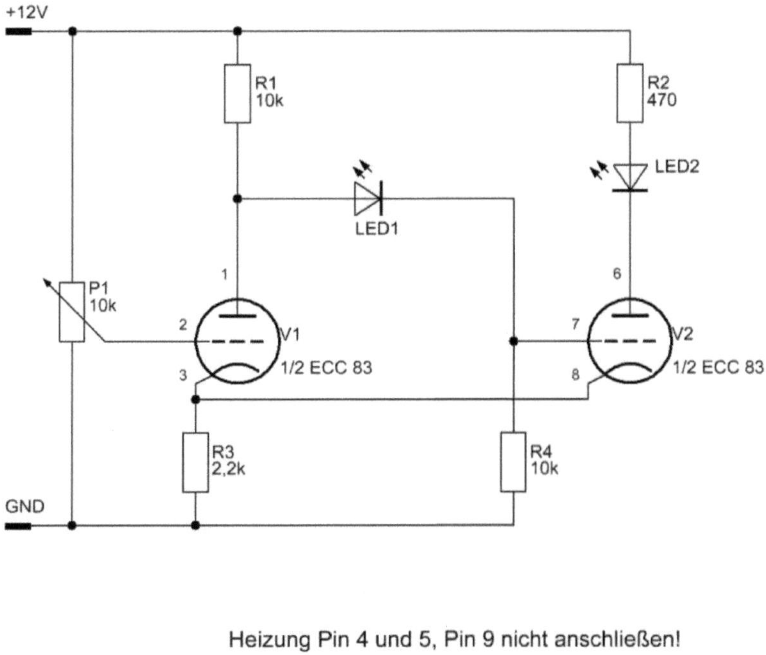

5.4.5 Schmitt-Trigger mit der ECC83

Wird das Potentiometer langsam verdreht, ändert sich auf einmal abrupt der Schaltzustand der LED2. Es handelt sich um eine zweistufige Schaltung, wobei die Ansteuerung der zweiten Triode V2 durch die erste Triode V1 erfolgt. Zwar geht die LED nicht mit einem Schlag aus oder an, dennoch erfolgt eine wesentlich stärkere Spannungsänderung an dieser Leuchtdiode, als diese durch das Potentiometer erzeugt wird. In der folgenden Abbildung wurde statt des Potentiometers ein lichtempfindlicher Widerstand (LDR) mit dem Eingang der ersten Röhre verbunden. Gelangt Licht auf diesen lichtempfindlichen Widerstand, erlischt die LED2 ab einer gewissen

Helligkeit. Die Schaltung kann also als Dämmerungsschalter verwendet werden.

5.4.6 Aufbau mit LDR als einfache Lichtschranke

Wie weit diese Schaltung einen praktischen Zweck erfüllen kann, sei einmal dahingestellt. Auf jeden Fall konnten die in diesem Abschnitt vorgestellten Schaltungen dennoch gut aufzeigen, wie Elektronenröhren ähnlich wie Transistoren eingesetzt werden können.

Sicher gibt es noch einige andere Möglichkeiten, um Schaltungsvarianten auszuprobieren oder um diese Schaltungen tatsächlich für einen praktischen Anwendungszweck zu nutzen. In erster Linie sind sie jedoch dazu gedacht, zum Experimentieren anzuregen und möglicherweise auch, um Messungen an den

Schaltungen durchzuführen. Möglichkeiten dafür gibt es genug. Die Messungen können Ihnen helfen, die Wirkungsweise dieser Schaltungen und auch die der Elektronenröhren besser zu verstehen.

Eine sehr wichtige Eigenheit der Elektronenröhren haben Sie bereits kennengelernt, nämlich die Erzeugung der negativen Gitterspannung, die sich durchaus auch auf das Verhalten der Elektronenröhre innerhalb einer elektronischen Schaltung auswirkt. Dies ist ein sehr wichtiger Punkt, um den es in diesem Abschnitt geht. Gerade in dieser Eigenschaft unterscheidet sich die Elektronenröhre sehr deutlich von einem Transistor. Ebenfalls wichtig ist aber, dass die Elektronenröhre nur einen äußerst geringen Steuerstrom benötigt, um zu schalten. Genauer gesagt geht es mehr um die am Gitter anliegende Spannung und deren Höhe, die zum Schalten oder Steuern des Anodenstroms benötigt wird.

5.5 Die Elektronenröhre als Verstärker

Die Elektronenröhre ermöglichte es erstmals, elektrische Signale zu verstärken und wurde dadurch zu einem wahren Meilenstein im Bereich der Elektronik. Zum ersten Mal konnten zum Beispiel Sendeanlagen und Radios gebaut werden, die auch eine Übertragung und Wiedergabe von Sprache und Musik über Lautsprecher ermöglichten. Die Elektronenröhre war damit eines der wichtigsten elektronischen Bauteile. Mit ihrer Erfindung begann praktisch das Elektronikzeitalter. Dies ist Grund genug, sich mit der Röhre als Verstärkerbauteil näher zu befassen. Schließlich ist eine der wichtigsten Funktionen von Elektronenröhren der Einsatz in Verstärkerschaltungen. Hier geht es zunächst um die Funktionsweise einer Elektronenröhre als Verstärkerbauteil und um deren besondere Eigenschaften.

Die erste, als Verstärkerbauteil eingesetzte Röhre war die um 1913 entwickelte Röhrentriode, welche Sie schon in verschiedenen Schaltungen in diesem Buch kennengelernt haben. Ein sehr bekannter Vertreter dieser Gattung ist die ECC83, eine so genannte Doppeltriode, also eine Elektronenröhre, die praktisch zwei Röhrensysteme in einem Glaskolben enthält. Sie kam (und kommt auch heute noch) in vielen Röhrenverstärkern zum Einsatz. Mit einer Röhre können so zum Beispiel die Signale von zwei Stereokanälen verstärkt werden. Aber es muss ja nicht gleich Stereo sein. Zunächst geht es um die einfache Funktion einer Verstärkerröhre, also die Beeinflussung von einem Stromfluss mithilfe des Steuergitters. Diese haben Sie in den vergangenen Kapiteln ja bereits kennengelernt.

Wie Sie bereits wissen, beginnt die durch ein Glühwendel erhitzte Kathode kurze Zeit nach dem Einschalten der Röhre, Elektronen auszusenden, deren Fluss durch das Gitter beeinflusst werden kann. Liegt am Gitter keine Spannung an, lädt es sich durch die von der Kathode ausgesandten Elektronen negativ auf, das Ergebnis ist eine geringfügig negative Spannung am Gitter. Nun kann durch eine relativ geringe Spannungsänderung am Gitter eine relativ große Änderung der Stromstärke von der Kathode zur Anode bewirkt werden, was eben genau diese Verstärkerwirkung ausmacht. Üblicherweise verwendet man für den Betrieb der Elektronenröhren sehr hohe Spannungen von einigen 100 Volt. Vom Prinzip her funktioniert es allerdings auch mit wesentlich geringeren Spannungen. Im Unterschied zum Transistor arbeitet die Elektronenröhre mit einer geringen Spannungsänderung statt einer Stromänderung, wie diese zum Beispiel in Form des Basisstroms eine hohe Stromänderung des Kollektorstroms bewirkt. Um die

Verstärkerwirkung der Elektronenröhre näher zu erkunden, genügt bereits eine einfache Schaltung wie die in der folgenden Abbildung 5.5.1.

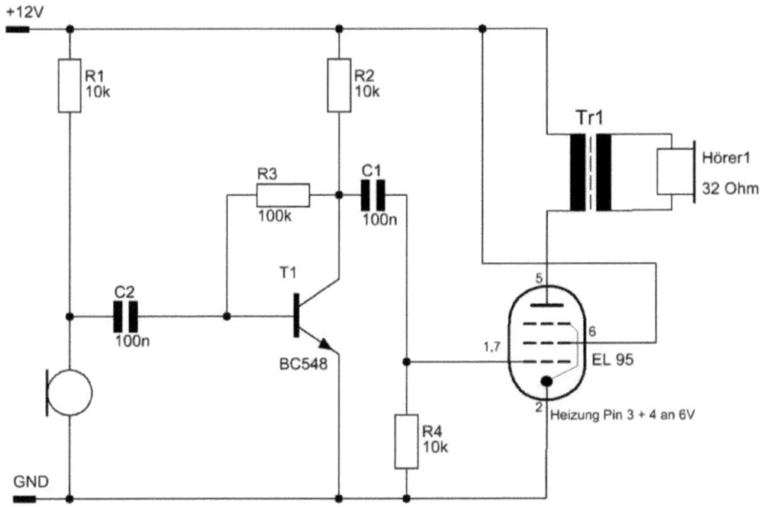

5.5.1 Röhrenverstärker mit EL95 und Transistor-Vorstufe

Es handelt sich um die gleiche Schaltung wie die in Kapitel 1 dieses Buches. Als Vorstufe dient der Transistor T1, als „Endstufe" wird eine Pentode des Typs EL 95 verwendet. Aufgrund der geringen Anodenspannung ist natürlich keine allzu hohe Ausgangsleistung zu erwarten. Für einen Kopfhörer (bzw. zwei in Reihe geschaltete Hörerkapseln) reicht es aber dennoch aus, zumindest für das Verständnis der Funktionsweise dieser Verstärkerschaltung. Die folgende Abbildung 5.5.2 zeigt den Probeaufbau der Schaltung auf einem Steckboard.

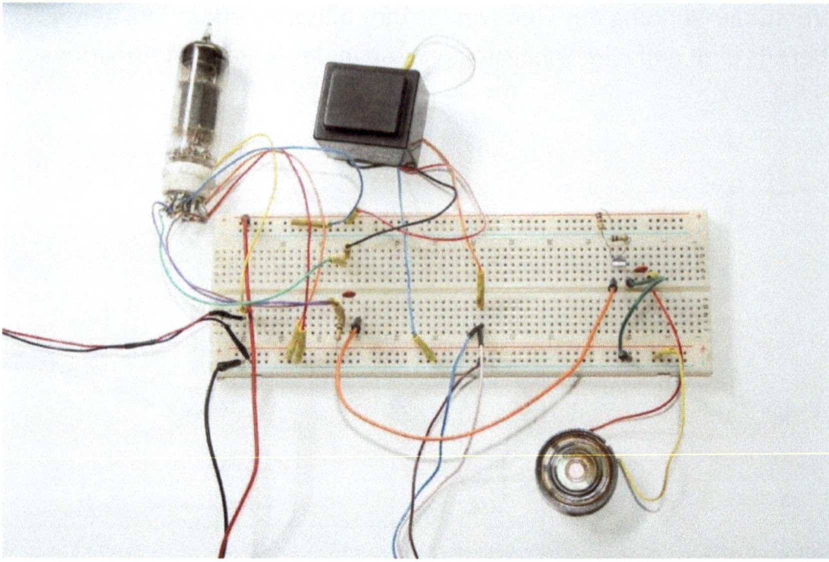

5.5.2 Testaufbau des Verstärkers, hier mit einem dynamischen Mikrofon

Wie Sie schon im Schaltbild sehen können, handelt es sich um eine Pentode mit fünf Elektroden, wovon bereits drei als Gitter ausgeführt sind. Das zweite Gitter (Schirmgitter, g2) ist auf Plus gelegt, während das dritte Gitter (Bremsgitter, g3) mit der Kathode zusammengeschaltet wurde. Das Steuergitter g1 dient zur Ansteuerung der Röhre. Es ist nicht ungewöhnlich, dass das Schirmgitter an eine Spannung in der Größenordnung der Anodenspannung gelegt wird, während das Bremsgitter mit der Kathode zusammengeschaltet wird. Diese Art der Beschaltung der Röhre bewirkt, dass die sich zwischen der Kathode und der Anode bewegenden Elektronen beschleunigt werden. Die Beeinflussung der Steuerung der Röhre durch die Anodenspannung ist dabei aber deutlich geringer als bei der Triode. Man kann das Ganze vereinfacht wie folgt erklären:

- Durch das positiv geladene Schirmgitter werden die Elektronen stark beschleunigt (durch die positive Spannung werden die durch die Kathode ausgesandten Elektronen angezogen).
- Beim Auftreffen auf die Anode können sich wiederum einige Elektronen lösen (die so genannten Sekundärelektronen).
- Diese werden aber durch das auf Kathodenpotential aufgeladene Bremsgitter abgestoßen.
- Sie können dadurch nicht mehr zurück und die Steuerung der Elektronenröhre mithilfe des ersten Gitters beeinflussen.
- Pentoden bieten durch diese Art der Beschaltung eine bessere Entkopplung zwischen dem Eingang und dem Ausgang einer Verstärkerstufe.

Im Probeaufbau in der Abbildung wurde übrigens ein dynamisches Mikrofon in Form einer alten Hörerkapsel aus einem Kopfhörer verwendet. Der im Schaltbild eingezeichnete Widerstand R1 kann in diesem Fall weggelassen werden, da dieses Mikrofon keine externe Stromversorgung benötigt.

Pentoden- und Triodenschaltung

Die Pentodenschaltung ermöglicht eine relativ hohe Ausgangsleistung der Röhre. Dafür ist es erforderlich, das Schirmgitter auf eine konstante positive Spannung zu legen. In der in diesem Kapitel vorgestellten Schaltung ist dies die Betriebsspannung in Höhe von 12 Volt. Eine Beeinflussung der Spannung am Schirmgitter durch das verstärkte Audiosignal ist somit nicht möglich.

Wird die Pentode als Triode geschaltet, wird das Schirmgitter mit der Anode verbunden, diese Verbindung beider Anschlüsse ist also quasi in der Schaltung als ein gemeinsamer Anschluss zu sehen. Das

Schirmgitter würde also in diesem Beispiel auf der anderen Seite des Ausgangsübertragers liegen.

5.6 Der Ausgangsübertrager in der Röhrenschaltung

So ein richtiger Ausgangsübertrager ist leider heute nur noch schlecht zu bekommen, zumindest nicht zu einem günstigen Preis. Beim Testaufbau der vorigen Schaltung wurde daher ein kleiner Netztransformator als Alternative eingesetzt, was auch ganz gut funktioniert. Echte Hifi-Klänge sind natürlich bei einer solch einfachen Schaltung nicht zu erwarten. Zum Verständnis der Funktionsweise eignet sich diese Schaltung allerdings ganz gut. Was macht nun aber eigentlich ein Ausgangsübertrager? Er erfüllt gleich mehrere Aufgaben:

- Der Ausgangsübertrager wirkt in Verstärkerschaltungen (und damit ist nicht unbedingt die hier vorgestellte Schaltung mit einer niedrigen Betriebsspannung gemeint) wie ein Trafo, der die hohe Ausgangsspannung der Endstufenröhre in eine wesentlich geringere und damit ungefährlichere Spannung umwandelt.
- Die Röhre hat einen relativ hohen Innenwiderstand (man sagt auch Ausgangsimpedanz), welche der Ausgangsübertrager in eine wesentlich geringere Impedanz umwandelt (im Beispiel die hohe Röhrenimpedanz von mehreren Kiloohm in die wesentlich geringere Impedanz des Lautsprechers oder Kopfhörers).

- Der Ausgangsübertrager arbeitet im Prinzip wie ein Netztransformator. Die Umwandlung der Impedanz und der Ausgangsspannung erfolgt auch hier durch das Verhältnis der Windungszahlen auf der Primärwicklung sowie auf der Sekundärwicklung des Ausgangsübertragers.
- Durch die reine Wechselspannungsumwandlung kann keine für den Schallwandler gefährliche Gleichspannung auf den Lautsprecher oder Kopfhörer gelangen.

Elektronenröhren können in der Regel keine Lautsprecher mit geringer Impedanz direkt ansteuern, das Gleiche gilt auch für Kopfhörer oder andere Schallwandler.

Die Bauteile haben allerdings einen großen Einfluss auf die Klangqualität des verstärkten Audiosignals. Hier spielen verschiedene Faktoren eine Rolle, beispielsweise die Bandbreite des Ausgangsübertragers (beispielsweise das Verhältnis der oberen und unteren Grenzfrequenz), der Aufbau des Metallkerns, die Isolation (wegen der zum Teil sehr hohen Anodenspannungen von Leistungsverstärkern) sowie die magnetische Flussdichte und die Sättigung des Kerns.

Diese Faktoren sind jedoch hauptsächlich relevant für hochwertige Verstärker aus dem High-End-Bereich. Bei den ersten Gehversuchen sowie beim Basteln mit Elektronenröhren und einfachen Verstärkerschaltungen soll dies keine Rolle spielen. Deshalb reichen hier auch einfache, kleinere Netztransformatoren aus. In der Beispielschaltung wurde ein kleiner Netztrafo mit einer vorgesehenen Eingangsspannung in Höhe von 230 Volt und einer Ausgangsspannung von 12 Volt als Ausgangsübertrager für die Verstärkerschaltung verwendet. Dieser Trafo stammt aus einem alten Steckernetzteil und ist für den Einsatzzweck völlig ausreichend.

5.7 Die Gittervorspannung

Bisher wurde die Kathode der Elektronenröhre direkt auf Masse geschaltet. In vielen Verstärkerschaltungen findet man allerdings andere Schaltungsarten, bei denen die Kathode nicht direkt auf Masse gelegt wird, sondern über einen Widerstand mit einem parallel geschalteten Kondensator oder Elektrolytkondensator. Der Gitteranschluss wird dabei ebenfalls über einen (meist hochohmigen) Widerstand an Masse gelegt. Es handelt sich hierbei um die so genannte Kathodenbasisschaltung, eine der am häufigsten verwendete Schaltungsarten für Elektronenröhren in Verstärkerstufen oder Verstärkerschaltungen.

Die Verwendung der schon erwähnten Widerstände an der Kathode sowie am Gitter dient der Erzeugung der so genannten Gittervorspannung. Was hat es damit auf sich? Das Gitter wird, wie Sie bereits wissen, mit einer Steuerspannung versehen, um den Elektronenfluss bzw. den Anodenstrom zu steuern. Durch den Einbau eines Widerstandes zwischen der Kathode und Masse wird ein Spannungsabfall erzeugt.

Die Kathode liegt nun nicht mehr direkt auf Masse, sondern weist gegenüber dieser eine geringfügig höhere Spannung auf, also eine positive Spannung. Wird nun das Gitter der Elektronenröhre über einen hochohmigen Widerstand auf Masse gelegt, ist die Spannung am Gitter niedriger als die Spannung an der Kathode, die Folge ist eine negative Gittervorspannung.

Durch die gezielte Beeinflussung der Höhe der Spannung am Gitter lässt sich der Arbeitspunkt der Elektronenröhre einstellen. Hierbei handelt es sich praktisch um den Ruhezustand der Schaltung, also ohne ein angelegtes Signal. Genau von diesem Punkt an erfolgt eine Aussteuerung der Verstärkerstufe. Die Wahl des richtigen Arbeitspunktes wirkt sich also auf das Verhalten und die Empfindlichkeit der Verstärkerstufe aus. An welche Stelle der Arbeitspunkt gelegt wird, hängt von der so genannten Kennlinie einer Verstärkerröhre ab. Folgende Punkte sind dabei zu berücksichtigen:

- Eine zu hohe Gitterspannung bewirkt, dass der Elektronenstrom zur Anode nicht mehr weiter ansteigt, gegebenenfalls sogar wieder sinkt.
- Ab einem gewissen Punkt bzw. bei einer gewissen Spannung am Gitter kann der Anodenstrom sogar wieder sinken. Dies ist zum Beispiel dann der Fall, wenn mehr Elektronen zum Gitter gelangen als zur Anode.
- Der so genannte Eingangswiderstand einer Elektronenröhre sinkt bei steigender Spannung am Steuergitter. Hierdurch können in den Verstärkerstufen Signalverzerrungen auftreten.
- Das Zusammenwirken zwischen dem Anodenstrom und der Gitterspannung ist nur in einem relativ kleinen Bereich optimal. In diesen Bereich wird üblicherweise der Arbeitspunkt der Verstärkerschaltung gelegt.
- Es fließt ständig ein geringer Anodenstrom, auch wenn kein Signal an der Verstärkerschaltung anliegt.

Die eben genannte Bereitstellung der Gittervorspannung mithilfe der Widerstände wird auch als automatische Gittervorspannungserzeugung bezeichnet, eine sehr häufig verwendete Schaltungsart. Ein zusätzlich parallel zum Kathodenwiderstand geschalteter Kondensator dient der Stabilisierung der mehr oder weniger positiven Kathodenspannung.

Außerdem wird er benötigt, um in einem für das Signal relevanten Frequenzbereich wechselspannungsseitig einen (fast) Kurzschluss zu bilden bzw. darzustellen. Das zu verstärkende Wechselspannungssignal kann problemlos durch den Kondensator fließen, während lediglich ein Gleichstrom den Weg durch den Widerstand nehmen muss, da dieser nicht über den Kondensator fließen kann. Der Kathodenkondensator muss außerdem einen ausreichend hohen Kapazitätswert haben. Es wird meistens ein Elektrolytkondensator verwendet.

5.8 Schaltungen von Verstärkerstufen

Wenn Sie schon einmal eine Verstärkerschaltung mit mehreren Transistorstufen aufgebaut haben, werden Sie feststellen, dass der Aufbau von Verstärkerstufen mit Elektronenröhren ähnlich funktioniert. Nachfolgend sollen Ihnen ein paar Beispielschaltungen gezeigt werden, in denen das auch sehr deutlich zu sehen ist. In der Abbildung 5.8.1 sehen Sie beispielsweise eine Verstärkerstufe mit einer Triode.

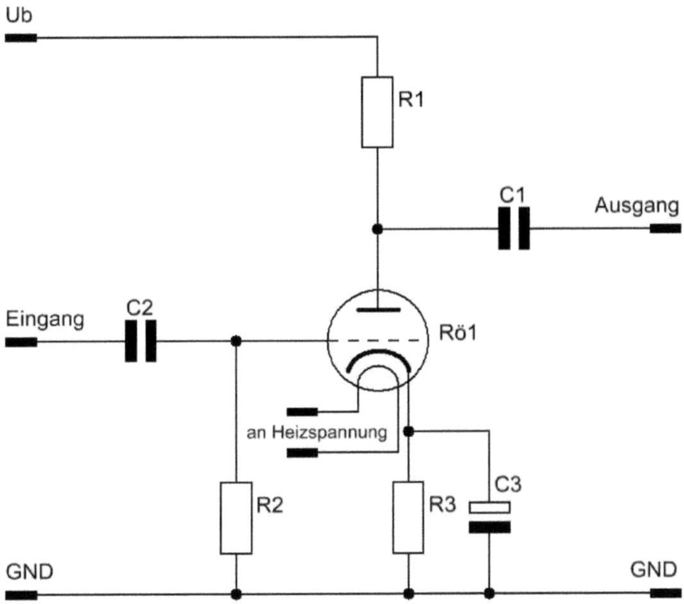

5.8.1 Röhrenstufe mit Triode und Erzeugung der Gittervorspannung

Die Abbildung 5.8.2 zeigt das Schaltbild einer Verstärkerstufe mit einer Pentode. Die Unterschiede zwischen beiden Schaltungen sind nur sehr gering. Bei der Schaltung mit der Pentode müssen natürlich noch die beiden Zusatzgitter mit angeschlossen werden.

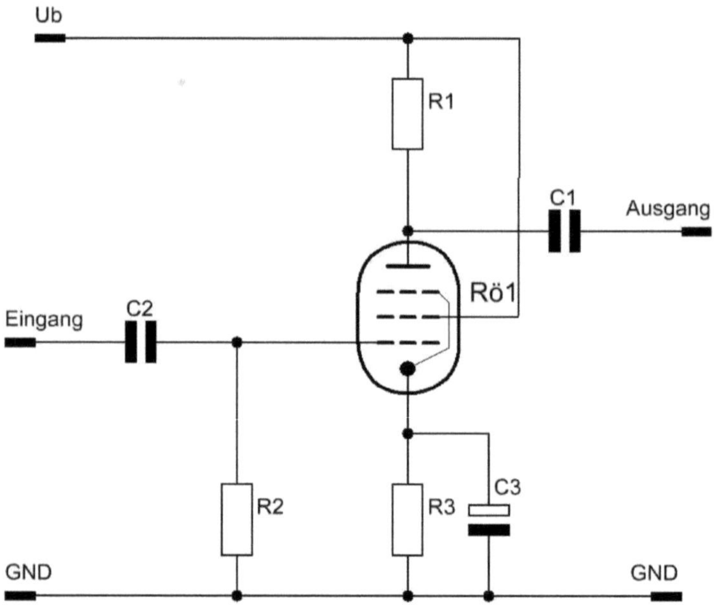

5.8.2 Verstärkerstufe mit einer Pentode

Der Anschluss der Gitter der Pentode erfolgt im Beispiel auf die übliche bzw. sehr häufig angewendete Methode, indem das Schirmgitter g2 auf Plus und das Bremsgitter g3 auf die Kathode geschaltet wird. Bei vielen Röhren ist übrigens das Bremsgitter g3 bereits intern mit der Kathode verbunden und muss daher nicht mehr an die Kathode angeschlossen werden. Dies ist zum Beispiel bei der häufig verwendeten Verstärkerröhre EL84 der Fall. Auch bei der EL95 liegt das Gitter 3 bereits intern an der Kathode und muss nicht mehr an diese angeschlossen werden.

5.9 Röhren als Vorverstärker

Natürlich lassen sich mit Elektronenröhren ohne Weiteres komplette Verstärkeranlagen aufbauen. Es gibt zahlreiche Beispiele für hochwertige Röhrenverstärker mit einem ausgezeichneten Klang. Für den Anfang reicht es aber auch aus, wenn Sie Röhren als Vorverstärker für mit Halbleitern aufgebaute Endverstärker einsetzen. Dazu soll im Folgenden ein einfaches Beispiel gezeigt werden, in dem eine ECC83 als Vorstufe für einen Halbleiterverstärker eingesetzt wird. Die folgende Abbildung 5.9.1 zeigt das Schaltbild.

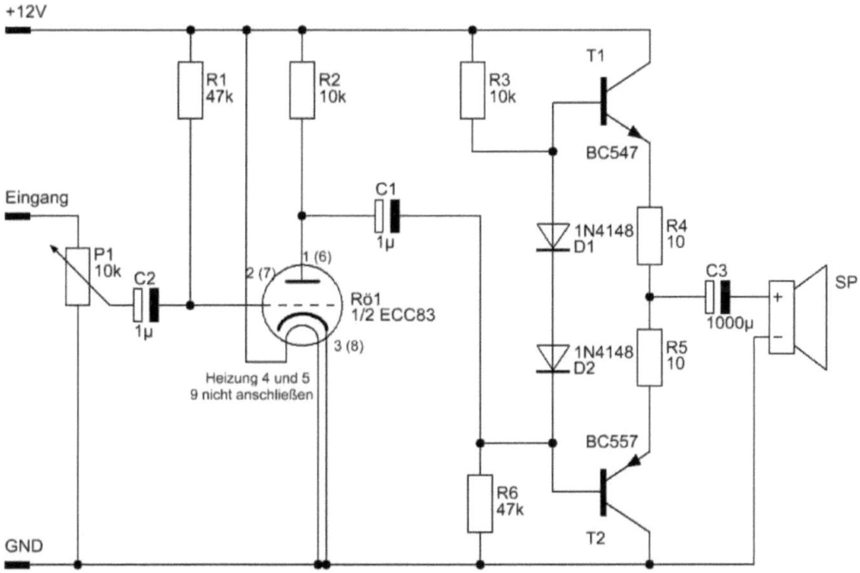

5.9.1 Vorverstärker mit der ECC83

Ein System (Triode) der ECC 83 (die ECC81 geht auch) bildet einen Vorverstärker bzw. eine Verstärkerstufe zur Ansteuerung der Endstufe, bestehend aus den beiden Transistoren T1 und T2, welche eine Gegentaktendstufe darstellen. An einer Anodenspannung von 12 Volt ist natürlich noch keine allzu hohe Verstärkerleistung zu erwarten, weshalb die Endstufe mithilfe von Transistoren gebildet wurde.

Sie erkennen sicherlich den Unterschied zwischen den vorangegangenen Beispielschaltungen, in denen das Gitter am Eingang der Röhre über einen Widerstand an Masse geschaltet wurde. Hier liegt es über einen Widerstand an der Betriebsspannung, da sich hierbei in der Praxis bessere Verstärkungen gezeigt haben. Das Gitter wird durch diesen Widerstand auf eine positive Gittervorspannung gelegt. Die Kopplung des Eingangssignals sowie die Auskopplung des Ausgangssignals dieser Verstärkerstufe erfolgt über die beiden Elektrolytkondensatoren C1 und C2. An den Eingang der Schaltung wurde ein Ausgangssignal von einem CD-Player angelegt.

5.10 Endstufen mit Röhren

Nur eines vorweg: Sie werden an dieser Stelle keine Verstärker aus dem Spitzenbereich vorfinden, diese finden Sie wahrscheinlich in vielen anderen Büchern. Hier geht es um das Basteln mit auch heute noch relativ gut erhältlichen Röhren und zum Kennenlernen der Funktionsweise solcher Verstärkerschaltungen. Im Beispiel wurde eine EL95 als Endröhre verwendet, und zwar wieder an einer Anodenspannung in Höhe von 12 Volt, damit die Experimente ungefährlich bleiben. Das folgende Schaltbild in Abbildung 5.10.1

zeigt eine einfache Verstärkerschaltung, mit der beispielsweise ein Kopfhörer angesteuert werden kann.

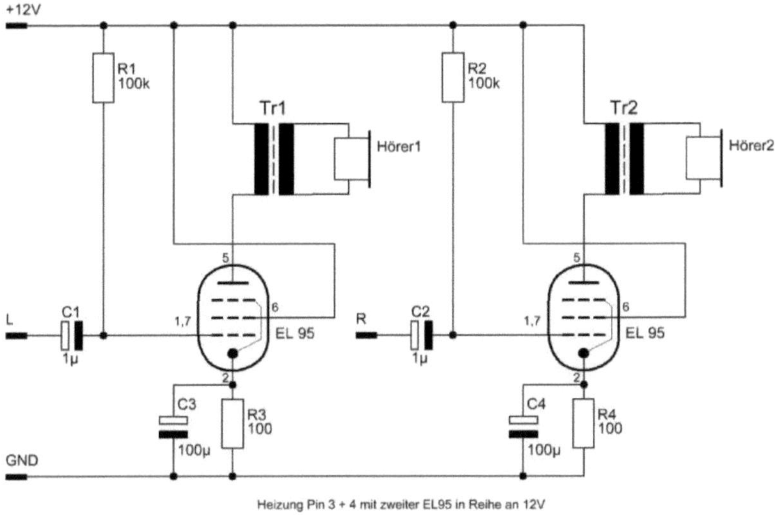

5.10.1 Stereo-Röhrenverstärker mit zwei EL95

Die Ausgangsleistung dieser Schaltung reicht aus, um einen Kopfhörer anzusteuern. In der Versuchsschaltung wurde ein handelsüblicher Kopfhörer mit einer Impedanz von zweimal 16 Ω verwendet. Dieser brachte es auf eine schöne Lautstärke zum Musikhören. Natürlich ist dies noch keine allzu hohe Ausgangsleistung einer Röhrenschaltung, doch es geht hier mehr um die Funktionsweise bzw. um den Aufbau einer solchen Schaltung. Auf jeden Fall ist es ein echter Röhrenklang, welchen diese Schaltung produziert. Die folgende Abbildung zeigt den Versuchsaufbau, bei dem zwei herkömmliche Netztransformatoren (230 Volt – 12 Volt) als Ausgangsübertrager verwendet wurden. Wie schon im Schaltbild wurde auch hier die Verstärkerschaltung zweimal aufgebaut für den

Stereobetrieb. Das hat den Vorteil, dass beide Röhrenheizungen in Reihe geschaltet und direkt mit einer Eingangsspannung von 12 Volt verbunden werden können, so dass nur eine einzige Spannungsquelle in Form eines kleinen Steckernetzteils benötigt wird.

5.10.2 Die Verstärkerschaltung in Stereo-Ausführung

Die Gitter der beiden Röhren wurden wie schon in der vorangegangenen Schaltung auf eine positive Gittervorspannung gelegt, um den Anodenstrom deutlich zu erhöhen. Zwar funktioniert es auch schon mit einer negativen Spannung am Gitter, bei einer Schaltung wie der hier gezeigten ergibt sich jedoch eine bessere Verstärkerleistung.

5.11 Die EL95 als Endröhre

Die EL95 lässt sich sehr in eigenen Schaltungen einsetzen. Sie ist noch relativ gut verfügbar (auch in alten Röhrengeräten, in denen sie oft als Endstufenröhre eingesetzt wurde), außerdem ist sie recht klein und kann als Paar in Reihe an einer Heizspannung von 12 Volt betrieben werden, die auch als Anodenspannung verwendet wird. Der Heizstrom beträgt übrigens 200 mA. Eine Schaltung wie die eben vorgestellte kann also an einem Steckernetzteil betrieben werden. An einer wesentlich höheren Anodenspannung (laut Datenblatt sind es 250 Volt) gibt sie aber erst richtig Gas und erreicht beträchtliche Lautstärken. Sie gilt als sehr langlebig und kann daher gut aus alten und nicht mehr verwendeten Röhrengeräten wiederverwertet werden. Zum Einsatz kam sie in Röhrenradios sowie in vielen Röhrentonbandgeräten. Auch die hier verwendeten Röhren stammen aus einem alten Tonbandgerät (Philips EL 3556).

Kapitel 6: Alte Röhrentechnik verstehen und reparieren

Wenn Sie sich für die Röhrentechnik interessieren (wovon ich ausgehe, schließlich würden Sie sonst wohl kaum dieses Buch lesen), werden Sie sich bestimmt auch für alte Röhrenradios, Tonbandgeräte oder Röhrenfernseher interessieren. Um diese geht es in diesem Kapitel. Sie erfahren, wie diese alten Geräte aufgebaut sind, wie es in ihnen aussieht und wo überall Elektronenröhren eingesetzt wurden.

Die bekanntesten Röhrengeräte sind wahrscheinlich die guten alten Röhrenradios mit ihren großen Holzgehäusen. Die ersten Radios mit Elektronenröhren wurden bereits in den 1920er Jahren gebaut, ab den 1950er Jahren waren die auch heute noch bekannten Radios in ihrer charakteristischen Form in immer mehr Wohnzimmern zu finden. In dieser Zeit fanden auch viele Fernseher ihren Weg in die Wohnungen. Diese waren natürlich ebenfalls komplett mit Elektronenröhren bestückt. In etwa der gleichen Zeit kamen auch die ersten Transistorradios auf den Markt, wodurch der Siegeszug dieser Bauteile begann.

Doch zurück zur Elektronenröhre. Es wurden keinesfalls nur Radios mit den Röhren aufgebaut, auch die schon erwähnten Fernseher sowie einige andere Geräte wie Tonbandgeräte, tragbare Radios, Autoradios, Plattenspieler mit Röhrenverstärkern und Geräte aus dem Bereich der Musikelektronik (Verstärkeranlagen oder elektronische Orgeln, um nur ein paar Beispiele zu nennen). Eine Zeit lang wurden übrigens auch Geräte sowohl mit Röhren als auch mit Transistoren bestückt wie zum Beispiel Radios, Tonbandgeräte oder auch Fernseher. In Geräten mit einer Mischbestückung aus Röhren und Transistoren wurden Transistoren zunächst fast nur im Niederfrequenzteil eingesetzt, im Hochfrequenzteil wurden dagegen oft noch Röhren verwendet. Auch in vielen alten Fernsehgeräten wurden während einer Übergangszeit sowohl Elektronenröhren als auch Transistoren verbaut, beispielsweise Röhren in den Zeilenendstufen, Transistoren in anderen Schaltungsgruppen wie etwa im Niederfrequenz- oder im Empfangsteil für den Ton.

6.1 Wie alte Röhrengeräte aufgebaut sind

Die meisten elektronischen Geräte sind heute in einem mehr oder weniger billigen Kunststoffgehäuse untergebracht. Wenn Sie ein solches Gerät öffnen, sehen Sie eine oder ein paar Platinen, ein paar Reglerknöpfe und vielleicht noch ein Display. Geräte aus den 1940er, den 1950er oder 1960er Jahren sahen noch etwas anders aus. Vergleichen Sie doch einmal das Innenleben alter Röhrenradios oder Fernsehgeräte mit dem moderner Elektronikgeräte. Die meisten Röhrenradios haben häufig noch ein stabiles Metallchassis, in dem sowohl die Elektronenröhren, die übrige Elektronik als auch die Mechanik untergebracht waren. Die Mechanik bestand oft aus einem Drucktastenaggregat sowie einem mehr oder weniger komplizierten Seilzugsystem für die Zeiger auf der Radioskala. Heute sind solche Geräte wesentlich simpler aufgebaut. Eine mehr oder weniger große (oder kleine) Kunststoffkiste umgibt die meist nur auf einer einzigen Platine untergebracht Elektronik, und das häufig sogar oft ohne jegliche Metallabschirmung. Einige der in diesem Teil des Buches folgenden Bilder werden Ihnen die Unterschiede zum heutigen Aufbau elektronischer Geräte deutlich veranschaulichen. Den Anfang machen zwei Röhrenradios aus den 1950er und 1960er Jahren, welche Sie in den folgenden Abbildungen sehen können.

6.1.1 Ein kleines Röhrenradio aus den 1950er Jahren (Körting Piccolo)

Dieses Röhrenradio in Abbildung 6.1.1 zeigt einen für die Zeit der Entstehung der typischen Aufbau mit einem Metallchassis, auf dem die Röhren sowie weitere Bauteile untergebracht wurden. Die Verdrahtung aller Bauteile wurde auf der Unterseite vorgenommen, und zwar ohne die heute üblichen Platinen. Das Radio ist ausgestattet mit einem Drucktastenaggregat, einer damals ebenfalls typischen Einrichtung zur Auswahl der verschiedenen Wellenbereiche oder weiterer Funktionen. Die Anschlüsse hinten sind vorgesehen für einen externen Lautsprecher oder eine zusätzliche Antenne. Auch die Anschlüsse für einen Tonabnehmer (Plattenspieler) sind als

Bananenbuchsen ausgeführt, einer damals üblichen Bauart. Rechts in Bild 6.1.1 sehen Sie den großen Netztransformator, darüber die Sicherungen sowie die Einstellung für die Netzspannung. Die meisten damaligen Geräte konnten an verschiedenen Netzspannungen zwischen 110 und 240 Volt betrieben werden.

Die folgende Abbildung 6.1.2 zeigt ein etwas „neueres" Röhrenradio, und zwar aus den 1960er Jahren. Auch hier wurde die Elektronik noch auf einem Metallchassis aufgebaut.

6.1.2 Stereo-Röhrenradio 1960er Jahre (Grundig RF155)

Bei diesem Radio handelt es sich schon um ein Stereogerät. Auch hier ist ein für die damalige Zeit charakteristischer Aufbau zu sehen. Links befindet sich der große Netztransformator, rechts daneben die Endstufenröhre ELL80 (für beide Endstufen des Stereoverstärkers). In der Mitte des Bildes sehen Sie einen der beiden Ausgangsübertrager, rechts daneben den großen Drehkondensator für die AM-Wellenbereiche, rechts im Bild zu sehen ist der UKW-Tuner, der für eine bessere Abschirmung in ein separates Metallgehäuse eingebaut wurde. Dieses Radiogerät sitzt übrigens einen separaten

Stereodecoder für den Empfang von Stereo-Radiosendungen. Der Stereoempfang war damals keineswegs selbstverständlich, wie dies bei den meisten heutigen Geräten der Fall ist. Den ebenfalls mit Elektronenröhren bestückten Stereodecoder sehen Sie in der folgenden Abbildung 6.1.3.

6.1.3 Stereodecoder für ein UKW-Radio aus den 1960er Jahren (Grundig RF155)

6.2 So sieht es in alten Röhrengeräten aus

Mehrere erste Einblicke in Geräte mit der alten Röhrentechnik haben Sie ja bereits erhalten. In diesem Teil sollen Ihnen allerdings noch einige andere Geräte mit deren Innenleben vorgestellt werden, damit Sie etwas mehr über den Aufbau solcher Geräte erfahren. Wie Sie feststellen werden, geht es keinesfalls nur um Röhrenradios, die quasi als Klassiker der Unterhaltungstechnik mit Röhren gelten. Auch viele Tonbandgeräte wurden damals mit Röhren bestückt. Auch dazu sollen Sie einige Beispiele sehen. Den Anfang machen aber die klassischen Röhrenradios mit dem robust aufgebauten Innenleben. Dazu folgen nun ein paar weitere Abbildungen.

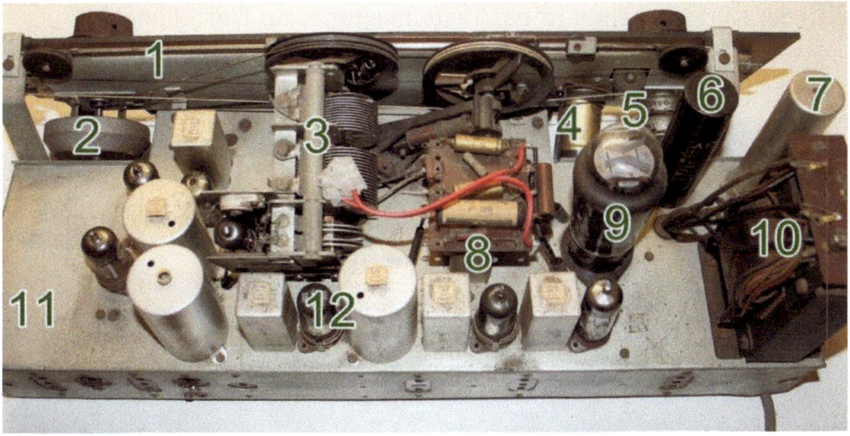

6.**2.1 Chassis eines Röhrenradios (Imperial J622W)**

Das Radio in Abbildung 6.2.1 enthält die für die damaligen Geräte üblichen Komponenten. Die Wichtigsten davon wurden in der Abbildung mit Ziffern markiert. Hier sind die dazugehörigen Erläuterungen:

1. Radioskala mit Seilzugantrieb
2. Schwungmasse für den Seilzugantrieb
3. Drehkondensator
4. Magisches Auge EM34
5. Lautstärkeregler
6. Gleichrichter
7. Netzteilelko
8. Ausgangsübertrager
9. Endstufenröhre EL12

10. Netztrafo
11. Metallchassis
12. Weitere Röhren und Bauteile

Die folgende Abbildung 6.2.2 zeigt einen Blick unter das Radiochassis. In der Mitte zu sehen ist das Tastenaggregat zur Einstellung der Wellenbereiche. Direkt dahinter befinden sich noch einige Spulen und Filter für das Empfangsteil des Radiogerätes. Rechts unten zu sehen ist das Magische Auge EM34, daneben einige andere Bauteile.

6.2.2 Blick unter das Radiochassis (Imperial J622W)

Das Gehäuse dieses Radiogerätes besitzt übrigens auf der Unterseite eine separate Öffnung mit einer passenden Abdeckung, über welche die Bauteile auf der Unterseite des Gerätes zugänglich sind. Die Abbildung zeigt das eingebaute Radiochassis mit der abgenommenen Abdeckung für den unteren Bereich des Gerätes. Sehr viele alte Röhrenradios haben an der Gehäuseunterseite eine solche Abdeckung, die einfache Reparaturen ohne den Ausbau des Chassis ermöglichen soll.

6.3 Es gibt nicht nur Röhrenradios

Soweit erst einmal zu den Röhrenradios. Es gibt allerdings nicht nur Radios. In der damaligen Zeit wurden noch einige andere Geräte mit der Röhrentechnik aufgebaut, darunter beispielsweise Tonbandgeräte. Die folgenden Abbildungen zeigen einige Beispiele für solche Geräte. In der Abbildung 6.3.1 beispielsweise sehen Sie das Chassis eines alten und mit Röhren bestückten Tonbandgerätes. Auch hier wurden wieder einige wichtige Komponenten mit Ziffern versehen. Die entsprechenden Erläuterungen finden Sie unter der Abbildung.

Das Chassis enthält sowohl die Mechanik als auch die Elektronik des Gerätes. Sogar der Lautsprecher wurde im Chassis untergebracht, bei vielen anderen Geräten war er fest im Gehäuse des Tonbandgerätes verbaut.

6.3.1 Chassis eines Röhrentonbandgerätes (Philips EL3541)

Einige der Bauteile wurden mit Ziffern versehen. Hier sind ein paar Erläuterungen:

1. in das Chassis eingebauter Lautsprecher
2. (Vor-) Verstärkerplatine
3. die auf einer separaten Platine untergebrachte Endstufenröhre ECL82
4. die Schwungmasse für den Laufwerksantrieb
5. Netzteilelko
6. Ausgangsübertrager
7. Netztrafo
8. Antriebsmotor für das Laufwerk

Viele Tonbandgeräte waren in der damaligen Zeit schon mit gedruckten Schaltungen (Platinen) ausgestattet. Lediglich ältere Geräte aus den 1950er Jahren besaßen noch eine „fliegende" Verdrahtung. Die folgende Abbildung 6.3.2 zeigt ein Beispiel.

6.3.2 Elektronik in einem Tonbandgerät aus den 1950er Jahren (Grundig TK5)

Eine ähnliche Bauweise wurde sogar in älteren Fernsehgeräten verwendet. Ein Beispiel dafür ist ein Röhrenfernseher aus den 1950er Jahren. Es handelt sich hierbei noch um ein Schwarz-Weiß-Gerät. Die folgende Abbildung 6.3.3 zeigt einen Blick in das Innere des alten Fernsehgerätes aus dem Jahr 1957 von Philips.

6.3.3 Blick in einen Röhrenfernseher von 1957 (Philips Raffael 17TD180U)

Man erkennt deutlich die robuste Bauweise mit vielen Metallteilen, ganz anders, als man dies heute von den meist relativ preisgünstigen Fernsehgeräten kennt.

Dieser Fernseher hier (er hat eine Bildgröße von etwa 43 Zentimetern) hat übrigens einen Stromverbrauch von deutlich mehr als 150 Watt. In der Mitte erkennt man die Bildröhre, die einen großen Teil des Gehäuses einnimmt. Darunter ist das Chassis mit etlichen Elektronenröhren zu sehen. Dieser Fernseher hat nur einen sehr eingeschränkten Empfangsbereich. Dennoch liefert die alte Bildröhre auch in der heutigen Zeit noch ein relativ gutes Bild. Für das Einspeisen eines Videosignals in Form eines Testbildes wurde übrigens ein spezieller VHF-Modulator verwendet.

6.4 Gefahren durch hohe Anodenspannungen

Da denkt man, der Netzstecker ist gezogen, jetzt kann ja nichts mehr passieren. Auch ich dachte einmal so, bis ich die Gefahr hoher Anodenspannungen und den damit aufgeladenen Elektrolytkondensatoren kennenlernen durfte (oder sollte ich besser sagen, kennenlernen musste). Es handelte sich um ein altes Röhrenradio, das nicht so richtig spielen wollte. Ein Elektrolytkondensator in einem großen Blechgehäuse speicherte elektrische Energie in Form einer doch sehr hohen Anodenspannung von deutlich mehr als 200 Volt. Normalerweise baut sich diese Spannung nach dem Ausschalten des Gerätes relativ schnell wieder ab und sinkt auf einen ungefährlichen Wert. Dies war allerdings bei diesem Gerät nicht der Fall, da ein technischer Defekt vorlag. Die Folge: eine hohe Anodenspannung direkt am Elko und an den Anschlüssen eines Ausgangsübertragers sowie ein sehr unangenehmer Stromschlag und ein unvergessliches Erlebnis für mich. Durch diese Erfahrung habe ich nun doch sehr großen Respekt vor diesen großen Becherelkos aus Alublech.

Die hohen Anodenspannungen werden benötigt, damit die Elektronenröhren in elektronischen Geräten vernünftig funktionieren und ausreichende Verstärkerleistungen bringen. Ganz anders als Transistorschaltungen haben Röhrenschaltungen die Eigenschaft, Spannungen bei relativ geringen Strömen zu schalten oder zu steuern, um auf entsprechende Leistungen zu kommen. Wie Sie sich bestimmt erinnern, werden durch die Kathode Elektronen ausgesandt, die zur Anode der Elektronenröhre gelangen. Je mehr

Elektronen von der Kathode zur Anode gelangen, desto höher ist der Stromfluss und desto mehr Leistung wird gesteuert.

Damit ein entsprechend hoher Strom fließen kann (wir reden hier übrigens von Dimensionen von einigen Milliampere), wird eine ausreichend hohe elektrische Spannung benötigt. Das Schalten von elektrischen Strömen in Größenordnungen von mehreren Ampere ist dagegen mit Transistoren (oder mit anderen Halbleiterbauteilen) möglich. Die hohen Anodenspannungen werden also zum Steuern bzw. Schalten ausreichend hoher Leistungen benötigt. Mit den in diesem Buch verwendeten niedrigen Spannungen in Höhe von 12 Volt reicht die Höhe des Anodenstroms zum Beispiel nicht aus, um eine Endstufe mit ausreichender Spannung zu versorgen und damit einen Lautsprecher anzusteuern. Das ist auch der Grund dafür, dass in der im vorigen Kapitel vorgestellten Verstärkerschaltung nur ein Kopfhörer zum Einsatz kam.

Diese Schaltung dient auch nur dazu, die Funktionsweise und die Aufbauweise zu verdeutlichen. Die meisten Elektronenröhren arbeiten prinzipiell schon mit wesentlich geringeren Spannungen, dann allerdings nur mit äußerst geringen Anodenströmen in der Größenordnung von wenigen Milliampere. Diese Ströme reichen aber aus, um die Funktionsweise der Elektronenröhren zu verdeutlichen und mit ihnen auf ungefährliche Weise zu experimentieren.

Es gab (und gibt noch) so genannte Batterieröhren, die gegenüber den anderen Röhren mit einer deutlich geringeren Heizleistung auskommen und schon mit geringeren Anodenspannungen arbeiten. Allerdings benötigen auch solche Röhren oft immer noch Spannungen von beispielsweise 45 oder 90 Volt. Einige kommen jedoch auch schon mit deutlich geringeren Spannungen aus.

Diese hohen Anodenspannungen sind es auch, die viele Bastler davon abhalten, sich mit der Technik der Elektronenröhren näher zu beschäftigen. Es gibt natürlich noch andere Gründe, die eine Rolle spielen, darunter der meist etwas umfangreichere Aufbau solcher Schaltungen, weil eine sehr hohe Spannung und damit spannungsfeste Bauteile benötigt werden, ganz zu schweigen von der zusätzlichen Spannungsquelle für die Kathodenheizung.

Die folgenden Erläuterungen sollen Ihnen verdeutlichen, wie sich die Höhe der Anodenspannung verändert, wenn ein Röhrengerät in Betrieb genommen und später wieder ausgeschaltet wird. Es handelt sich beispielsweise um ein herkömmliches Röhrenradio mit einem Trafonetzteil und einem Halbleitergleichrichter, wie dieser in sehr vielen der damaligen Geräte verbaut wurde:

- Das Gerät wird eingeschaltet. Das Netzteil liefert dank des Halbleitergleichrichters sofort eine sehr hohe Ausgangsspannung. Es kann sich hierbei um deutlich mehr als 300 Volt handeln.
- Diese Spannung liegt nun am Netzteilelko in voller Höhe an.
- Die Röhrenheizungen werden ebenfalls in Betrieb genommen, die Röhren beginnen langsam zu arbeiten.
- Dadurch fließt ein langsam ansteigender Anodenstrom, durch diesen sinkt nun die Spannung am Netzteilelko wieder etwas ab, die Arbeitsspannung der Röhrenschaltung wird erreicht.
- Wird das Gerät nach einiger Zeit des Betriebs wieder abgeschaltet, glimmen die Röhren noch einige Zeit nach, während die Spannung am Netzteilelko sinkt.
- Durch die Elektronenröhren fließt noch ein Anodenstrom, da die Kathoden noch für eine gewisse Zeit Elektronen aussenden, dadurch sinkt die Spannung am Kondensator relativ schnell auf einen ungefährlichen Wert.

Dies ist der normale Vorgang, der bei der Inbetriebnahme, nach einem Betrieb von einiger Zeit sowie dem anschließenden Ausschalten stattfindet. Normalerweise sollte zumindest am Netzteilelko nun keine gefährliche Hochspannung mehr anliegen. Es kann natürlich nicht ausgeschlossen werden, dass andere Kondensatoren im Gerät noch hohe Spannungen führen.

Was passiert nun aber, wenn beispielsweise ein solches Gerät eingeschaltet und sofort wieder ausgeschaltet wird, noch bevor die Röhren ihre Betriebstemperatur erreicht haben? Auch hier wird der Elektrolytkondensator im Netzteil zunächst auf die volle Spannung in Höhe von meistens mehr als 300 Volt aufgeladen. Ein Elektronenfluss in den Röhren kommt allerdings noch nicht zu Stande, da das Gerät ja abgeschaltet wird, bevor die Kathoden ausreichend aufgeheizt werden, um überhaupt einen Elektronenstrom zu ermöglichen. Die Folge: Der Elektrolytkondensator bleibt mit der sehr hohen Spannung aufgeladen. Zwar wird diese Spannung sich nach einiger Zeit auch abbauen und unter einen relativ ungefährlichen Wert absinken. Allerdings kann dies eine ganze Weile dauern und erfolgt nicht innerhalb kürzester Zeit wie bei dem Vorgang, welcher zuvor beschrieben wurde.

Das Ganze funktioniert etwas anders, wenn das Gerät (beispielsweise ein Radiogerät) über einen Röhrengleichrichter verfügt. Sie erkennen dies zum Beispiel an den Röhrenbezeichnungen, die bei den Radiogeräten häufig an der Rückwand aufgedruckt sind. Enthält ein solches Gerät eine Röhre mit einer Typenbezeichnung wie zum Beispiel AZ11 oder EZ80, handelt es sich bei dieser Röhre um eine Gleichrichterröhre. Die folgenden Abbildung 6.4.1 zeigt eine Radiorückwand mit Röhrenbezeichnungen.

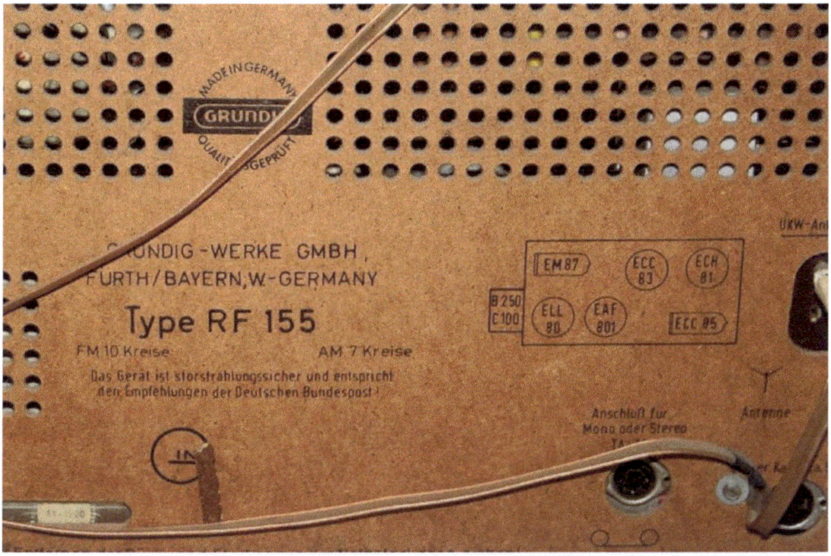

6.4.1 Rückwand Röhrenradio mit Beschriftung

In diesem Radiogerät befindet sich ein Gleichrichter auf Halbleiterbasis. Er ist an der Typenbezeichnung „B250 C100“ auf der Rückwand zu erkennen. Die übrigen Bezeichnungen am Radiochassis auf der Skizze beschreiben die Einbaulagen der Elektronenröhren innerhalb des Gerätes. Die folgende Abbildung 6.4.2 zeigt ebenfalls eine Rückwand, diesmal jedoch von einem Röhrenradio mit einem Röhrengleichrichter EZ80.

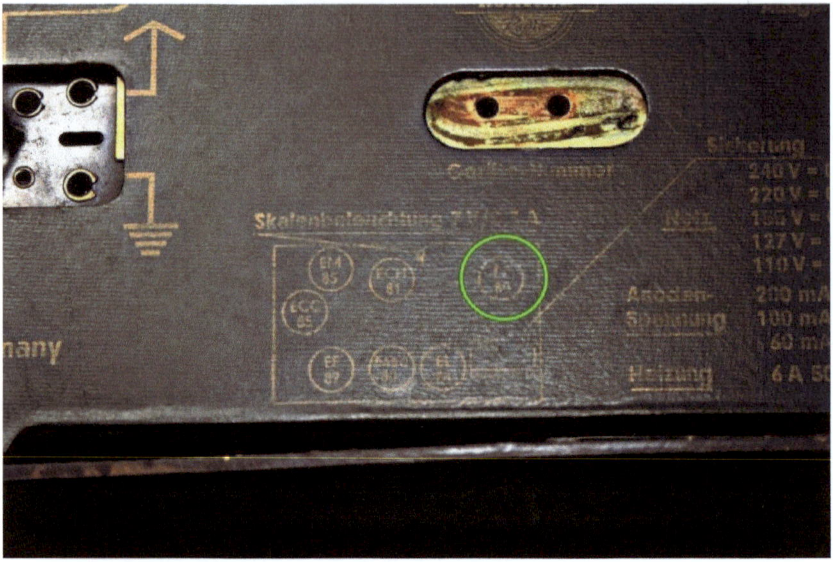

6.4.2 Rückwand Röhrenradio mit Röhrengleichrichter (siehe Markierung)

Die Markierung zeigt die entsprechende Röhre auf der Skizze. Leider ist diese nur noch sehr schwach zu erkennen. Die entsprechende Röhrenbezeichnung lautet „EZ80“. An diesem Radiogerät würde sich die Anodenspannung nach dem Einschalten erst nach einigen Sekunden aufbauen, da die Gleichrichterröhre ebenfalls eine gewisse Zeit braucht, bis sie ihre Arbeit aufnimmt und die Ausgangsspannung vom Netztransformator in eine Gleichspannung umwandelt. In der folgenden Abbildung 6.4.3 sehen Sie die entsprechende Röhrenbezeichnung im Schaltbild dieses Radiogerätes.

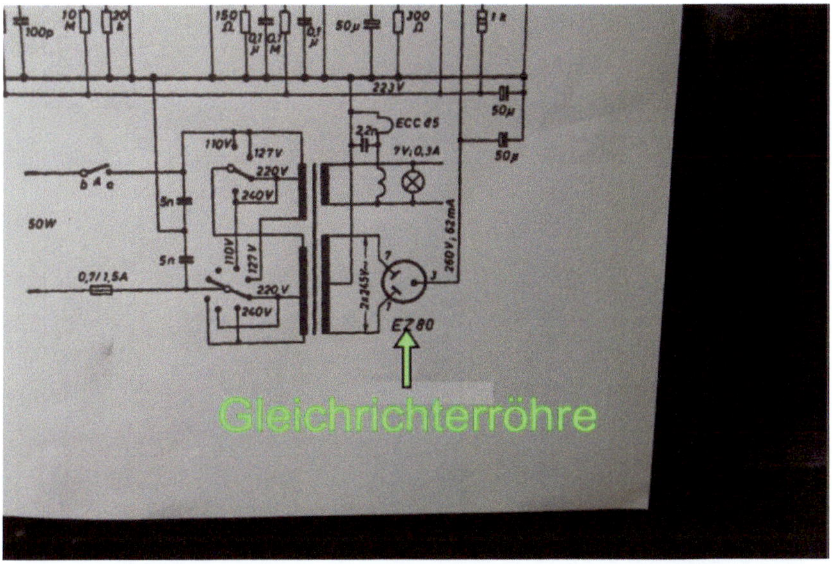

6.4.3 Die Gleichrichterröhre im Schaltbild (siehe Markierung)

Die Gefahren durch die hohen Anodenspannungen sollten Sie also keinesfalls unterschätzen, wenn Sie einmal beabsichtigen sollten, ein altes Röhrenradio oder ein anderes Röhrengerät auseinanderzunehmen, zum Beispiel für Reparaturen. Im Zweifelsfall sollten Sie ein Spannungsmessgerät verwenden, um die Spannung am Netzteilelko zu messen. Denken Sie aber daran, das Spannungsmessgerät auf einen ausreichend hohen Spannungsmessbereich (am besten 1000V DC) einzustellen und sehr vorsichtig bei der Messung zu sein, um während der Messung keinen Kurzschluss zu verursachen. Die Anschlüsse an einem solchen Becherelko befinden sich meist unterhalb des Chassis. Der Minuspol liegt sehr oft am Gehäuse des Kondensators und am Gerätechassis, die einzelnen Anschlüsse sind dann mit mehreren Kapazitäten verbunden, die auf dem Becherelko angegeben sind. Die folgende

Abbildung 6.4.4 zeigt einen solchen Elektrolytkondensator in einem Radiogerät (siehe Markierung).

6.4.4 Netzteilelko (Markierung) in einem Radiogerät (Grundig RF155)

Die hohen Anodenspannungen haben also durchaus ihre Berechtigung und lassen sich nicht ganz vermeiden. Um erste Erfahrungen mit der Schaltung von Röhrengeräten zu sammeln, benötigen Sie jedoch nicht unbedingt gleich den Aufbau von Schaltungen mit hohen Spannungen. Um die Funktionsweise zu verstehen, reichen bereits die einfacheren Schaltungen, die mit sehr geringeren Spannungen arbeiten. Wenn es jedoch um die Reparatur von älteren Geräten geht oder Sie möglicherweise Röhrenradios oder andere Gerät aufarbeiten möchten, sollten Sie die Gefahren durch die hohen Anodenspannungen kennen.

6.5 Röhrenradios und andere Röhrengeräte reparieren?

Wie Sie bereits erfahren haben, sind Röhrengeräte meist ganz anders aufgebaut, als Sie dies möglicherweise von wesentlich moderneren Geräten mit einer Halbleiterbestückung kennen. Dementsprechend haben Sie es auch mit ganz anderen Fehlerbildern zu tun, zumindest bei den meisten dieser Geräte. Bedenken Sie immer, das die alten Röhrenradios oder Tonbandgeräte (von den Fernsehgeräten aus den 1950er oder 1960er Jahren ganz zu schweigen) mittlerweile schon deutlich mehr als 50 Jahre alt sind und dadurch immer mal wieder Probleme auftauchen können. Handelt es sich um sehr alte Geräte, entsprechen diese noch nicht einmal mehr den modernen Sicherheitsstandards. Bedenken Sie dies immer, wenn Sie beabsichtigen, ein solches Gerät auseinanderzunehmen und zu reparieren.

Sie werden an dieser Stelle keine Anleitung zur Reparatur solcher Geräte vorfinden. Man sollte auch niemanden zu einer solchen Reparatur raten, der sich überhaupt nicht mit der Röhrentechnik auskennt. Wenn Sie die Möglichkeit haben und sich für die Technik interessieren, sollten Sie besser jemanden über die Schulter schauen, der mit der Reparatur solcher Geräte Erfahrung hat und Sie auf die entsprechenden Gefahren hinweisen kann, sofern dies an dieser Stelle hier nicht möglich ist. Einige allgemeine Hinweise sollen Ihnen aber trotzdem einen ersten Überblick verschaffen und Ihnen möglicherweise bei der Entscheidung helfen, ob Sie sich überhaupt an eine solche Reparatur herantrauen möchten oder nicht. Mehr soll es an dieser Stelle nicht sein.

6.6 Was Sie bei Reparaturen an Röhrengeräten beachten sollten

Die folgenden Hinweise gelten nicht nur für eventuelle Reparaturen, die Sie an den Röhrengeräten vornehmen möchten. Sie gelten genauso für das Zerlegen von solchen Geräten oder das Öffnen von Röhrenradios oder Tonbandgeräten an sich. Es gibt hier einige Dinge (und Gefahren) zu beachten, die Sie von vielen neueren Geräten gar nicht kennen. Hier sind einige wichtige Hinweise:

- Wenn Sie ein altes Röhrengerät (egal ob Radio, Tonband oder Fernsehgerät sowie alle anderen Röhrengeräte) vorfinden, schließen Sie es nicht sofort an den Strom an und schalten es dann ein, auch wenn es sehr verlockend ist.
- Viele alte Röhrengeräte standen bereits mehrere Jahre oder Jahrzehnte und müssen vor der ersten Wiederinbetriebnahme gründlich überprüft werden, ob diese überhaupt gefahrlos möglich ist.
- Viele der Bauteile in solchen Geräten (hauptsächlich jedoch Kondensatoren oder Elektrolytkondensatoren) sind nicht mehr in Ordnung und sollten unbedingt ausgewechselt werden.
- Viele alte Radio- und Fernsehgeräte mit Röhren haben keine Netztrennung. Das heißt, je nach Polung des Netzsteckers kann unter Umständen die volle Netzspannung am Chassis des Gerätes anliegen. Dies gilt besonders für so genannte Allstromgeräte und alte Fernsehgeräte aus den 1950er und 1960er Jahren.
- Für den Betrieb solcher Geräte ist unbedingt ein so genannter Trenntrafo zu verwenden, der eine Netztrennung

herstellt und somit einen gewissen Teil der Gefahr bannt. Die Gefahr durch hohe Spannungen bleibt natürlich trotzdem.

- Auch wenn das Gerät einen herkömmlichen Netztrafo zu haben scheint, kann es sich in Wirklichkeit um einen so genannten Spartransformator handeln, der keine Netztrennung herstellt und lediglich die Röhrenheizung mit Strom versorgt. Die Anodenspannung kommt dann häufig direkt aus dem Stromnetz.
- Viele Altgeräte (darunter auch Radiogeräte mit Röhren) besitzen einen Kondensator zwischen der Primärseite des Transformators bzw. zwischen dem Netzanschluss des Gerätes und dem Gerätechassis. Ist dieser Kondensator defekt, kann das Gerät auch bei einem eingebauten Netztransformator spannungsführend sein, je nach Polarität des Netzsteckers.
- Auch wenn Sie ein altes Röhrengerät vorfinden, das noch funktioniert, birgt es dennoch oft eine Gefahr. Stark gealterte Kondensatoren (besonders die so genannten Papierkondensatoren oder Teerkondensatoren) können aufgrund einer defekten Isolierung den Strom anfangen zu leiten und dadurch im schlimmsten Fall in Brand geraten (siehe dazu auch die folgende Abbildung 6.6.1).

6.6.1 Gealterte Kondensatoren in einem Röhrentonbandgerät

- Lassen Sie auch ein repariertes Röhrengerät nicht für eine längere Zeit unbeaufsichtigt laufen.
- Wie Sie bereits erfahren haben, arbeiten Elektronenröhren in solchen Geräten mit sehr hohen Spannungen, die eine nicht zu unterschätzende Gefahr darstellen, besonders für Elektronikbastler mit wenigen oder gar keinen Erfahrungen in der Röhrentechnik.
- Die hohen Spannungen können auch nach dem Abschalten des Gerätes an einigen Bauteilen anliegen und eine tödliche Gefahr darstellen.
- Sein Sie insbesondere mit alten Fernsehgeräten vorsichtig, die keinesfalls ohne eine gründliche Überprüfung in Betrieb genommen werden dürfen. Viele der in den alten Geräten verbauten Bildröhren stellen eine ernst zu nehmende Gefahr dar, da es sich oft noch nicht um so genannte eigensichere

Bildröhren handelt, das heißt, im Falle einer Implosion können Glassplitter nach vorne geschleudert werden.

Sie sehen also, es gibt eine ganze Menge zu beachten, und jeder der genannten Hinweise sollte unbedingt beachtet werden, um die Gefahr beim Basteln so gering wie möglich zu halten. Ich mache Interessierte immer wieder auf die Gefahren aufmerksam, die häufig unterschätzt werden. Sollten Sie es dennoch „riskieren" wollen und die Neugier größer sein als die Angst vor den Gefahren, arbeiten Sie selbstverständlich auf eigene Gefahr. Es versteht sich von selbst, dass Sie die alleinige Verantwortung für die von Ihnen durchgeführten Reparaturen tragen. Es soll an dieser Stelle trotzdem auf die Gefahren hingewiesen werden. Hier sind noch einige allgemeine Hinweise an alle interessierten Radiobastler, die mit der Röhrentechnik gerade erst anfangen:

- Beschäftigen Sie sich am besten zunächst mit der Röhrentechnik mit geringen Spannungen, wobei Ihnen auch dieses Buch helfen soll, um mehr über die Funktionsweise der Elektronenröhren zu erfahren.
- Wenn Sie ein altes Röhrengerät genauer untersuchen möchten, ziehen Sie selbstverständlich vor dem Öffnen des Gerätes den Netzstecker und warten Sie nach dem letzten Betrieb des Gerätes am besten einige Zeit ab, bis sich die gefährlichen Spannungen im Inneren abgebaut haben.
- Gehen Sie dennoch vorsichtig vor und berühren Sie nach Möglichkeit keine Anschlüsse im Inneren, da nicht komplett ausgeschlossen werden kann, dass einige Kondensatoren oder andere Anschlüsse noch hohe Spannungen führen.
- Einige alte Röhrengeräte enthalten Bauteile mit gefährlichen Chemikalien wie zum Beispiel polychlorierte Biphenyle (PCB), chemische Chlorverbindungen, die Krebs auslösen können,

sehr giftig sind und in verschiedenen Bauteilen wie etwa Transformatoren oder Kondensatoren eingesetzt wurden.

Die größte Gefahr entsteht meistens durch Unkenntnis und die falsche Behandlung solcher Geräte. Das gilt insbesondere für die Röhrengeräte, die meist eine wesentlich größere Wärmeentwicklung aufweisen als modernere Geräte mit Halbleitertechnik. Wenn Sie ein altes Röhrenradio in Betrieb nehmen, sollten Sie keine brennbaren Gegenstände auf dem Gerät ablegen. Außerdem vermeiden Sie es besser, eine mit Wasser gefüllte Blumenvase oder ein anderes Gefäß (etwa ein Glas mit einem Getränk) auf dem Gerät abzustellen. Sollten ungewöhnliche Geräusche zu hören sein oder es zu einer Entwicklung von Gerüchen oder Rauch kommen, ziehen Sie sofort den Stecker aus der Steckdose.

6.6.2 Brandgefährlich: alte WIMA-Kondensatoren aus einem Tonbandgerät

Die meisten Geräte verfügen natürlich auch über Sicherungen, die im Fehlerfall auslösen, noch bevor es zur Bildung von Rauch oder Bränden kommt. Bei den Bränden handelt sich eher um seltene Fälle, die meistens dann auftreten, wenn die Geräte für längere Zeit unbeaufsichtigt in Betrieb sind und im Falle eines plötzlich auftretenden Fehlers eine Reaktion des Benutzers zu spät erfolgt.

Wenn Sie ein älteres Gerät mit Röhren in Betrieb nehmen, achten Sie unbedingt auf eine ausreichende Belüftung. Stellen Sie ein Radiogerät nicht unbedingt in die kleine Nische in der Schrankwand, es sei denn, es steht dort nur als Dekoration und wird nicht eingeschaltet. Sorgen Sie immer dafür, dass ausreichend Luft unter dem Gerät und dahinter zirkulieren kann. Das gilt selbstverständlich für alle Röhrengeräte. So sollten Sie auch ein Tonbandgerät nur auf einem glatten und ebenen Untergrund betreiben, damit genügend Luft unter das Gehäuse gelangen und durch das Gerät strömen kann, während es in Betrieb ist.

Denken Sie immer daran, dass die meisten Gefahren nur durch das Fehlverhalten der Benutzer solcher Geräte entstehen. Dies gilt sowohl bei der Reparatur als auch beim Betrieb von Röhrengeräten. Ich schreibe an dieser Stelle so ausführlich darüber, da viele der genannten Hinweise aus Unwissenheit nicht beachtet werden.

6.7 Mögliche Fehler in Röhrengeräten

Die alten Röhrengeräte unterscheiden sich zwar zum Teil erheblich voneinander, trotzdem treten einige Fehler doch immer wieder auf. Man könnte diese durchaus als typische Fehler in Röhrengeräten bezeichnen. Deshalb soll an dieser Stelle auf solche immer wiederkehrenden Fehlerbilder eingegangen werden. Dies heißt allerdings nicht, dass die Reparaturen immer einfach und für technische Laien einfach durchzuführen sind. Falls Sie beabsichtigen, ein solches Gerät zu reparieren, sollten Sie die gängigen Sicherheitsregeln einhalten und über ein fundiertes Grundwissen im Bereich der Elektrik und Elektronik verfügen. Die Reparatur solcher alten Geräte kann durchaus gefährlich werden, wenn sie nicht fachgerecht durchgeführt wird und einige Sicherheitsregeln missachtet werden. Noch ein kleiner Hinweis nebenbei: Es geht hier nicht um die Restauration von alten Gehäusen oder Ähnliches, sondern ausschließlich um die Elektronik bzw. Mechanik an solchen Geräten. Die häufigsten Fehler entstehen durch folgende Beeinträchtigungen:

- mechanische Fehlerbilder, zum Beispiel eine schwergängige oder blockierende Mechanik an Skalen von Röhrenradios, Tastaturaggregaten, Potentiometern (Lautstärke, Klang usw.) und Drehkondensatoren sowie ausgeleierte oder gerissene Skalenseile in Röhrenradios
- mechanische Fehler an Tonbandgeräten wie beispielsweise defekte Antriebsriemen, verschlissene Zwischenräder, schwergängige Tasten oder Hebel und ähnliche Dinge
- durch gealterte elektronische Bauteile entstandene Fehler, sehr häufig durch defekte Röhren oder Kondensatoren sowie Elektrolytkondensatoren

6.8 Fehler in der Mechanik

Es geht hier nicht um die Reparatur von Röhrenradios, sondern auch um die von anderen Geräten mit Röhrentechnik wie beispielsweise

Tonbandgeräte. Gerade bei diesen Geräten stellen mechanische Defekte häufige Fehlerquellen dar. Leider lassen sich viele dieser Fehler nicht ohne Weiteres beheben, da die passenden Ersatzteile schon seit Jahrzehnten nicht mehr hergestellt werden und kaum noch erhältlich sind. Wenn Sie feststellen, dass lediglich die Antriebsriemen gerissen sind oder sich in ihre Grundsubstanz zersetzt haben, besteht oft noch die Chance, passenden Ersatz zu erhalten. Neben den einschlägigen inländischen Anbietern auf diesem Gebiet gibt es auch einige Quellen für Ersatzteile außerhalb des Landes, die hier gegebenenfalls noch Ersatz zur Verfügung stellen können.

Doch es sind nicht nur die Antriebsriemen, die von Defekten betroffen sind. Wenn beispielsweise ein Gummi eines Zwischenrades verschlissen ist, wird eine Reparatur schwierig. Die Zwischenräder mit neuen Gummilaufflächen zu versehen, ist meist sehr kostenaufwendig und steht in keinem Verhältnis zum Wert des Gerätes. Die einzige Möglichkeit, um passenden Ersatz zu erhalten, besteht oft darin, ein baugleiches Gerät zu bekommen und dieses für die Ersatzteilgewinnung auszuschlachten. In der folgenden Abbildung 6.8.1 sehen Sie ein verschlissenes Zwischenrad sowie einen gebrochenen Wickelteller. Solche Ersatzteile können Sie nur noch aus alten Geräten ausbauen.

6.8.1 Zwischenrad in einem alten Tonbandgerät (Grundig TK 8)

Die übrige Reparatur von mechanischen Defekten besteht meist aus einer gründlichen Reinigung der Laufwerksteile und das Auftragen neuer Schmiermittel, wobei Sie sehr vorsichtig sein sollten. Passen Sie auf, keine zu flüssigem Schmiermittel zu verwenden, die an Stellen gelangen, wo sie nicht hingehören. Außerdem sollten Sie beim Zerlegen solcher Geräte sehr vorsichtig sein. Am besten fotografieren Sie das Gerät öfter während der Reparatur, quasi als Dokumentation und als Hilfe beim späteren Zusammenbau.

Die Mechanik alter Tonbandgeräte ist oftmals sehr kompliziert aufgebaut. In der Zeit der Entstehung (1950er bis 1970er Jahre) dieser Geräte wurde oft nur ein einzelner Antriebsmotor in den Geräten eingebaut. Die Kraftübertragung zu den einzelnen Bereichen des Laufwerks musste dann durch eine umfangreiche Mechanik erfolgen. Erst später und bei einigen teureren Geräten ist man dazu übergegangen, statt der komplizierten Mechanik mehrere Motoren in den Geräten einzubauen. Die folgende Abbildung 6.8.2 zeigt, wie umfangreich die Mechanik in den damaligen Geräten zum Teil aufgebaut wurde.

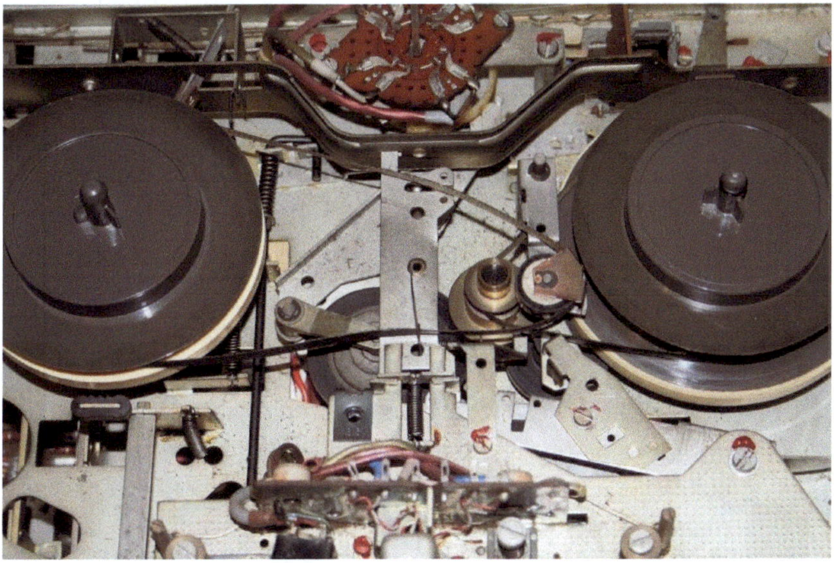

6.8.2 Aufwendige Mechanik in einem Tonbandgerät (Grundig TK 245)

6.9 Häufiger auftretende Fehler in der Elektronik

Die Mechanik eines Gerätes ist die eine Sache, die Elektronik eine andere. Auch hier treten sehr häufig Fehler auf, die Sie im Lauf der Zeit häufiger vorfinden werden, wenn Sie öfter solche Geräte reparieren. Ein sehr wichtiges Thema sind die schon erwähnten Kondensatoren sowie Elektrolytkondensatoren, die ihre Kapazität verlieren und im schlimmsten Fall sogar den Strom anfangen zu leiten, was nicht nur Defekte, sondern im schlimmsten Fall sogar Brände auslösen kann. Hier sind die am häufigsten auftretenden Fehler an alten Röhrengeräten, dies betrifft sowohl Röhrenradios, Tonbandgeräte als auch viele andere Geräte wie zum Beispiel Fernseher.

- Verbrauchte Röhren haben einen geringeren Anodenstrom, (Radio-) Empfänger oder Verstärker werden durch weniger empfindlich oder klingen verzerrt.
- Im Laufe der Zeit verlieren Elektrolytkondensatoren an Kapazität, im schlimmsten Fall kann sogar ein Gleichstrom durch den Kondensator fließen.
- Ein Stromfluss oder Kurzschluss in einem solchen Kondensator kann dazu führen, dass der (Selen-) Gleichrichter im Netzteil eines Röhrengerätes überlastet und im schlimmsten Fall zerstört wird. Achten Sie insbesondere auf einen üblen Geruch nach faulen Eiern, der in diesem Fall meistens entsteht. Schalten Sie das Gerät sofort aus, wenn Sie einen solchen Geruch wahrnehmen.
- Auch ein sehr lautes Netzbrummen kann beim Betrieb der Geräte auftreten. Dieses Brummen ist oft auf einen defekten Netzteilelko mit einer nur noch sehr geringen Kapazität zurückzuführen.
- Die in den Geräten eingesetzten Gleichrichter haben einen sehr hohen Spannungsabfall, was ebenfalls zu Fehlfunktionen der Geräte und zu einer sehr starken Erwärmung des Gleichrichters führt.
- In Einzelfällen können auch Widerstände kaputtgehen, das ist aber zumindest nach meiner Erfahrung eher selten der Fall. Außerdem sind durchgebrannte oder verschmorte Widerstände in der Regel das Ergebnis von Defekten an anderen Bauteilen.

- Nicht unterschätzt werden sollten Kontaktschwierigkeiten jeder Art. Dazu zählen beispielsweise schlechte Kontakte in Röhrensockeln, Steckverbindungen innerhalb der Geräte, in Schalteraggregaten oder Potis.

Vor allem die Kontaktschwierigkeiten bereiten vielen Menschen bei der Fehlersuche echte Kopfschmerzen, da sie oft sehr schwer aufzufinden bzw. zu lokalisieren sind. Die Röhrensockel können irgendwann den Kontakt zu den Bauteilen nicht mehr richtig herstellen und haben dann sehr hohe Übergangswiderstände. Sie können solche Fehler zum Beispiel dadurch feststellen, in den Sie an den Röhren vorsichtig wackeln (dabei nicht die Finger verbrennen). Treten dabei starke Knackgeräusche im Lautsprecher auf, sollten Sie die Kontakte gründlich reinigen.

Am besten funktioniert es, wenn Sie die Kontakte manuell und vorsichtig reinigen und Rückstände von Reinigungsmitteln oder durch das vorsichtige Abfeilen entstandene Späne komplett beseitigen. Achten Sie darauf, dass beim Betrieb der Geräte keinerlei Feuchtigkeit (zum Beispiel durch zurückgebliebenes Kontaktspray) in den Geräten verbleibt. Bei den hohen elektrischen Spannungen innerhalb der Geräte darf keine (Rest-) Feuchtigkeit mehr vorhanden sein, wenn Sie das Gerät in Betrieb nehmen. Das gilt übrigens auch, wenn Sie andere Arten von Kontakten im Gerät reinigen wie Steckverbindungen oder Schaltkontakte.

Ebenfalls häufig auftretende Fehler sind übrigens auch durchgebrannte Glühlämpchen aller Art (beispielsweise Skalenbeleuchtungen oder Instrumentenbeleuchtungen), durchgebrannte Sicherungen (unbedingt nach der Ursache suchen, wenn die Sicherungen beim Einschalten des Gerätes sofort wieder durchbrennen) oder Wackelkontakte an den Halterungen für die Sicherungen. Siehe dazu auch die folgende Abbildung 6.9.1.

6.9.1 Oxidierter Sicherungshalter in einem Radio

Kapitel 7: Beispiel: Reparatur eines Röhrenradios

Dieses Buch kann Ihnen natürlich keine komplette Reparatur- und Restaurationsanleitung zur Verfügung stellen. Das ist auch gar nicht Sinn und Zweck dieses Buches. Es soll Ihnen anhand des folgenden Beispiels nur nähergebracht werden, was für Dinge bei der Reparatur und Wiederinbetriebnahme eines alten Röhrengerätes zu beachten sind. Verstehen Sie die nachfolgenden Absätze vielmehr als Reparaturbericht anhand eines konkreten Beispiels oder als Dokumentation einer vorgenommenen Reparatur an einem Röhrenradio, später folgt dann noch ein ähnlicher Beitrag, in dem es um ein Tonbandgerät geht. Es sind ganz normale Geräte, wie diese seinerzeit tausendfach verkauft wurden. Es geht hier ganz bewusst nicht um die Vorstellung besonders hochwertiger Radios oder Tonbandgeräte, sondern vielmehr um solche Geräte, wie Sie diese beispielsweise noch auf vielen Dachböden oder in Kellerräumen vorfinden können. Die folgenden Beiträge sollen Ihnen anhand konkreter Beispiele zeigen, wie die ersten Schritte nach dem Auffinden eines solchen Gerätes aussehen können und wie eine eventuelle Wiederinbetriebnahme durchgeführt

7.0.1 Kleines Röhrenradio der 60er Jahre

wird, wenn der Zustand des Gerätes diese noch erlaubt. Im Wesentlichen geht es um folgende Dinge:

- eine erste Bestandsaufnahme
- feststellen, aus welcher Zeit das Gerät stammt
- allgemeiner Zustand des Gerätes
- eventuell auf durch die Lagerung entstandene Schäden (Rost, Schmutz usw.) überprüfen
- Vollständigkeit (zum Beispiel Röhren, Rückwand)
- elektrische Sicherheit
- ob an dem Gerät bereits gebastelt wurde (Originalzustand oder nicht)
- Zustand des Gehäuses
- Zustand des Gerätechassis

7.1 Eine erste Bestandaufnahme nach dem Erhalt des Gerätes

Eines vorweg: Natürlich ist nicht jedes Röhrenradio eine kleine Kostbarkeit, zumindest nicht das, was im Allgemeinen darunter verstanden wird. Das heißt natürlich nicht, dass das von Ihnen erworbene Gerät für Sie nicht kostbar oder wertvoll sein dürfte. Dennoch lohnt es sich, vor einer Reparatur und erst recht vor der erstmaligen Wiederinbetriebnahme erst einmal einige Dinge über das jeweilige Radiogerät in Erfahrung zu bringen. Nicht zuletzt gilt dies wegen der Beschaffung von Ersatzteilen oder zur Beschaffung eines Schaltbildes, das bei der Reparatur eine sehr große Hilfe ist. Wenn ein solches Gerät genauer unter die Lupe genommen wird, sollten dabei unter anderem folgende Dinge beachtet werden:

- Lässt sich die genaue Typenbezeichnung des Gerätes feststellen, beispielsweise durch Angaben auf der Rückwand?
- Sind noch alle Röhren vorhanden sind und wurden sie in den richtigen Sockeln eingesteckt? Hinweise dazu sind meist auf den Rückwänden der Radiogeräte zu finden.
- Sind die Sicherungen vorhanden und wenn ja, sind sie auch noch intakt?
- Besonders sollte auch darauf geachtet werden, ob die richtigen Amperewerte verwendet wurden und ob die Sicherungen an den richtigen Stellen eingesteckt wurden.
- Überprüft werden sollte auch, ob der Spannungswähler auf den richtigen Wert eingestellt wurde (am besten 240 Volt).
- Gibt es Hinweise darauf, ob an dem Gerät bereits Reparaturen durchgeführt wurden? Erkennbar sind solche Fremdeingriffe beispielsweise anhand frischer Lötstellen oder wesentlich neuerer Bauteile.
- Gibt es Auffälligkeiten wie beispielsweise offensichtlich defekte Bauteile?
- Wurden möglicherweise Reparaturen unsachgemäß durchgeführt (falsche Bauteile eingesetzt, Sicherungen überbrückt usw.)?
- Wie ist der äußere Zustand? Wurde das Gerät möglicherweise feucht gelagert, muss es vor einer ersten Inbetriebnahme erst gründlich überprüft werden.
- Die Kondensatoren sowie Elektrolytkondensatoren sollten bei einer Reparatur stets genauer unter die Lupe genommen werden. Gibt es beispielsweise Hinweise auf ausgelaufenes Elektrolyt?
- Lassen sich alle Tasten einwandfrei bedienen oder sind sie schwergängig?

- Gleiches gilt auch für die Lautstärke- und Klangregler sowie für den Antrieb der Skalenanzeige.
- Befindet sich am Gerät noch eine originale oder betriebssichere Stromzuleitung?
- Gibt es Hinweise darauf, dass es sich um ein Gleichstromgerät oder um ein so genanntes Allstromgerät handelt?
- Ist ein Netztrafo vorhanden, handelt es sich möglicherweise um einen Spartransformator?

Weitere Hinweise zum Thema Netztrennung und Spartransformator finden Sie auch in den folgenden Beiträgen.

7.2 Einfach Stecker einstecken und ...

Auch wenn das Gerät noch in einem guten Zustand zu sein scheint und die Verlockung recht groß ist: Ersparen Sie sich und Ihrer neuen Errungenschaft besser ein allzu abruptes Aufwecken aus einem eventuell bereits seit mehreren Jahrzehnten andauernden Dornröschenschlaf. Es könnte ein kurzes und unangenehmes Erwachen sein, welches Sie Ihrem Röhrenradio bescheren.

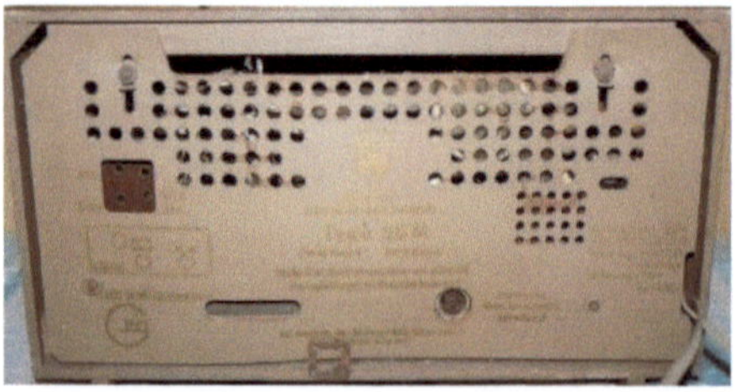

7.2.1 Ein Blick auf und hinter die Rückwand des Radios lohnt sich

Möglicherweise gibt es einen lauten Knall, im schlimmsten Fall können sogar Bauteile in Flammen aufgehen oder zumindest unangenehme Gerüche entstehen. Vielleicht wird das Gerät zunächst auch funktionieren. Dennoch sollten Sie keinesfalls ein Ihnen unbekanntes Gerät oder ein sehr lange gelagertes Radio einfach in Betrieb nehmen, ohne es vorher gründlich zu inspizieren. Das gilt umso mehr, je älter das Gerät ist.

Besonders vorsichtig sollten Sie auch mit so genannten Vorkriegsgeräten sein. Ein gutes Beispiel dafür sind die allseits bekannten Volksempfänger, von denen einige Ausführungen nur an ein Gleichstromnetz angeschlossen werden dürfen. Aber auch die Wechselstromgeräte können aus heutiger Sicht gesehen eine echte Gefahr darstellen, wenn Sie zum Beispiel an das Gerätechassis eines mit der Netzspannung verbundenen Gerätes fassen. Nehmen Sie sich besser die Zeit und überprüfen Sie das Gerät vor der ersten Inbetriebnahme. Wie so etwas aussehen kann, sollen Ihnen die nun folgenden Beispiele zeigen. Es geht wie gesagt um ganz typische Geräte aus den Zeiten der Röhrenradios, wie diese in den 1940er bis 1960er Jahren gebaut, verkauft und genutzt wurden.

7.3 Ein typisches Röhrenradio der 1960er

Mann soll ja am besten klein anfangen. Deshalb soll Ihnen an dieser Stelle auch ein kleines Röhrenradio vom Typ Grundig Type 96 M mit der Röhrenbestückung ECC85, EBF89 und ECL86 vorgestellt werden, das als ein „Objekt“ für die Dokumentation dienen soll. Es ist wahrlich kein besonders kostbares und auch kein besonders schönes Radio mehr. Leider ist es in der Vergangenheit alles andere als sorgfältig eingelagert worden, was bereits ein erster Blick zeigt, vor allem ein Blick hinter die Rückwand. Leider ist dieses kleine Radiogerät kein Einzelfall. Wer weiß, in wie vielen Kellern oder Abstellräumen noch solche alten Schätzchen lagern, die viele Jahre oder Jahrzehnte nicht mehr beachtet worden sind.

7.3.1 Rost und Schmutz, wohin man sieht

Zugegeben: Dieses Gerät sieht schon sehr mitgenommen aus und wurde aller Wahrscheinlichkeit nach in einem feuchten Kellerraum oder gar in einer Garage gelagert. Ob dieses Gerät jemals noch spielen wird? Zunächst sollte es für eine genauere Untersuchung aus dem Gehäuse ausgebaut werden. Vorsicht ist beim Ausbau des Chassis immer geboten wegen der Lautsprecheranschlüsse.

In manchen Radios sind in der Lautsprecherwand noch weitere Komponenten eingebaut wie das Magische Auge, eine so genannte Kurzwellenlupe oder auch einer oder sogar mehrere Hochtöner. Beim Ausbau sollte immer darauf geachtet werden, dass keine Kabel abgerissen werden. Die folgende Abbildung 7.3.2 zeigt das ausgebaute Chassis.

7.3.2 Im desolaten Zustand: das ausgebaute Radiochassis

Eine gründliche Reinigung des Gerätes ist anzuraten, bevor dieses Gerät sorgfältig repariert und später wieder in Betrieb genommen wird. Das Gerät enthält trotz seines einfachen Aufbaus viele empfindliche Teile, auf die während der Reinigung besonders geachtet werden muss. Dazu gehört auch das Empfangsteil mit der Ferritantenne, welches in der folgenden Abbildung zu sehen ist. Sehr schnell sind die Anschlussdrähte abgerissen und müssen wieder neu angelötet werden. Das ist manchmal einfacher gesagt als getan, da natürlich die Anschlussbelegung bekannt sein muss. Hilfreich ist es dabei, wenn (wie hier) während des Auseinanderbauens viele Fotos gemacht werden. Die Bilder können Ihnen bei der Reparatur immer wieder wertvolle Hinweise geben, wenn zum Beispiel mal ein Kabel irgendwo abreißt oder wenn defekte Bauteile im Chassis ausgewechselt werden müssen.

7.3.3 Mit Vorsicht zu reinigen: Empfangsteil des Radios

So ein Radiochassis enthält viele empfindliche Teile und sehr viele Anschlussdrähte. Sie können hier sehr deutlich sehen, wie sich der Aufbau solcher Geräte von dem heutiger Elektronikartikel unterscheidet. Sehr schnell ist ein Anschlusskabel abgerissen, ein Bauteil verbogen oder Ähnliches. Unterschätzen Sie diese Gefahr nicht, die durch den Aufbau der Geräte mit fliegender Verdrahtung entsteht. Denken Sie immer daran, dass in den Geräten sehr hohe Spannungen von mehreren 100 Volt an den Bauteilen anliegen können. Ein Kurzschluss durch einen Widerstand oder Kondensator mit verbogenen Anschlussbeinchen kann verheerende Folgen haben.

In der folgenden Abbildung 7.3.4 sehen Sie übrigens einen anderen Teil des Chassis. Auch hier ist leider der sehr starke Rostbefall zu erkennen. Nun geht es darum, die Verunreinigungen und den Rost so gut wie möglich zu entfernen. Dies ist natürlich eine echte Geduldsarbeit.

7.3.4 Ausgangsübertrager, Röhren und Bandfilter

Sowohl das Gerätechassis als auch die übrigen Bauteile sind mit einer starken Schicht aus Rost und Schmutz überzogen. Am besten ist es, zunächst einige Bauteile aus dem Chassis herauszunehmen bzw. zu lösen, um die Reinigung so einfach wie möglich zu machen. Im Beispiel wurden dazu zunächst sämtliche Röhren, die Skalenlampe sowie der Ausgangsübertrager und der Netztrafo vom Chassis abgenommen. Das Chassis musste nach der Reinigung und Rostentfernung mit einer neuen Lackschicht versehen werden, da der Rostbefall einfach zu stark war. Der Elektrolytkondensator (in der Mitte des Bildes zu sehen) sowie die Bandfilter wurden ohne Ausbau so gründlich wie möglich mit Wattestäbchen gereinigt. Sollten Sie einmal eine solche Arbeit durchführen wollen (oder besser gesagt müssen), halten Sie sich am besten eine Packung Wattestäbchen und Putztücher bereit. Die Reinigung wurde mit einem milden

Reinigungsmittel sowie etwas Isopropanolalkohol durchgeführt. Zum Teil wurde auch handelsüblicher Glasreiniger verwendet.

In der folgenden Abbildung 7.3.5 sehen Sie das Radiochassis von unten. In vielen Fällen sieht es hier deutlich besser aus, da sich Staub und Schmutz meist nur auf der Oberseite des Gerätes absetzen. Allerdings trifft dies bei diesem Gerät leider nicht zu.

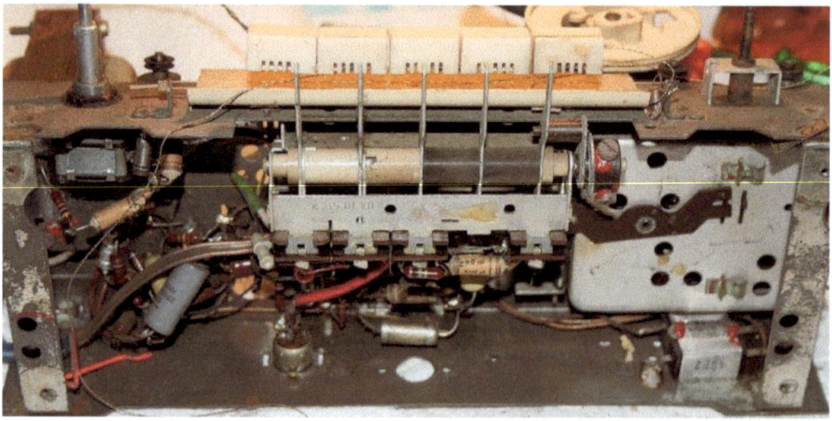

7.3.5 Das Radiochassis von unten gesehen

Auf der Unterseite des Chassis wurde zunächst der grobe Schmutz entfernt, so gut dies möglich war. Hierbei ist zu beachten, die Anschlüsse der Bauteile möglichst wenig zu verbiegen. Sehr gut funktioniert die Reinigung übrigens mit einem Pinsel und einem Staubsauger. Es besteht aber immer die Gefahr, dass etwas abreißt, andererseits können durch verbogene Anschlussdrähte die schon erwähnten Kurzschlüsse entstehen.

Das Tastenaggregat wurde übrigens ebenfalls gründlich gereinigt (mit Pinsel und Wattestäbchen) und vorsichtig an den beweglichen Stellen mit etwas Schmiermittel versehen, damit die Tasten sich wieder einwandfrei betätigen lassen. Die meisten Geräte besitzen solche

Tastenaggregate. Auch hier ist sehr sorgfältig bei der Reinigung vorzugehen, damit keine Anschlusskabel abreißen oder etwas verbogen wird.

Ein sehr wichtiger Punkt ist außerdem die Reinigung der Röhren samt Sockel. Auch hierbei sollte sehr vorsichtig vorgegangen werden. Außerdem muss bei der Reinigung vorsichtig um die Beschriftung der Röhren herumgewischt werden. Die Beschriftung löst sich sonst sehr schnell ab. In der folgenden Abbildung 7.3.6 sehen Sie beispielsweise die Beschriftung von der Röhre ECL86 für den NF-Verstärker des Radiogerätes.

7.3.6 Netztrafo (links), NF-Röhre ECL86 (Mitte) und Netzteilelko (ganz rechts)

Sehr viele Röhrenradios verwenden hier eine andere Röhre, nämlich eine EL84. Die ECL86 in diesem Gerät ist eine so genannte Verbundröhre, sie enthält neben einer Leistungspentode eine zusätzliche Triode. Sicher erinnern Sie sich an die Erklärung der

Typenbezeichnung von Elektronenröhren, welche auf die in ihr enthaltenen Systeme hindeutet. Die ECL86 kommt übrigens auch in sehr vielen Tonbandgeräten als Verstärkerröhre zum Einsatz. Außerdem ist sie in vielen kompakt gehaltenen Verstärkergruppen enthalten. Dies gilt zum Beispiel für Verstärker in tragbaren Plattenspielern, die mit Röhren bestückt sind.

7.4 Weitere Überprüfungen und eine erste Inbetriebnahme durchführen

Irgendwann kommt natürlich einmal der Zeitpunkt, in dem das alte Radio wieder zu neuem Leben erweckt werden soll. Dazu gehört auch eine gehörige Portion Neugier. Schließlich möchte man wissen, ob der ganze Aufwand für die Reparatur und Aufbereitung sich überhaupt noch lohnt. Wenn nicht, sucht man sich möglicherweise ein anderes Projekt zum Restaurieren bzw. Aufbereiten. Das vorhandene Gerät kann dann immer noch zur Ersatzteilgewinnung verwendet werden.

Anhand dieses Beispiels hier möchte ich zeigen, dass auch ein Gerät in einem sehr schlechten Zustand durchaus noch funktionieren kann. Ich hatte da anfangs erhebliche Zweifel. Allerdings sollten Sie sich unbedingt davor hüten, das Gerät in einem solch desolaten Zustand einfach an die nächstbeste Steckdose anzuschließen. Siehe dazu auch die bereits genannten Hinweise zur Wiederinbetriebnahme am Anfang dieses Kapitels. Die folgende Abbildung 7.4.1 zeigt übrigens das Radiogerät, das noch vor der Reinigung ausprobiert werden sollte.

7.4.1 Eine erste Funktionsprobe mit Trenntrafo

Allerdings sollte an dieser Stelle unbedingt noch erwähnt werden, dass dieser erste Funktionstest unter besonderen Bedingungen stattfand. So wurde das Radio beispielsweise an einem Trenntransformator zunächst mit einer wesentlich geringeren Spannung in Betrieb genommen, um die darin enthaltenen Bauteile (insbesondere die Kondensatoren und den Netzteilelko) erst wieder „an ihre Funktion zu gewöhnen“. Außerdem wurden vor der ersten Inbetriebnahme bzw. Funktionsprobe noch einige andere Arbeiten durchgeführt, von denen an dieser Stelle einige genannt werden sollen:

- Es wurde überprüft, ob eine direkte Verbindung vom Netzstecker zum Chassis besteht. Diese entsteht oft durch einen defekten Kondensator, wie dieser in vielen alten Radiogeräten enthalten ist.
- Der Netztrafo wurde von der übrigen Elektronik getrennt und separat überprüft.

- Die Sicherung samt Sicherungshalter wurde überprüft und gründlich gereinigt, damit keine Übergangswiderstände oder Kontaktprobleme auftreten können.
- Gleichrichter und Netzteilelko wurden ebenfalls überprüft. Ein defekter Gleichrichter gibt während des Betriebs einen unangenehmen Geruch nach faulen Eiern ab. Ein defekter Netzteilelko zieht zu viel Strom und kann den Gleichrichter überlasten.
- Die Röhrenheizung wurde mit einem externen Netzteil (6,3 Volt Ausgangsspannung, in diesem Fall bis 3 Ampere belastbar) überprüft. Dazu wurde vorher der originale Netztransformator abgeklemmt. Die Skalenlampe ist meist ebenfalls an der Heizwicklung angeschlossen.
- Nachdem ich festgestellt hatte, dass das Netzteil soweit einwandfrei funktionierte und die Röhrenheizung ebenso, wurde das Radio schließlich langsam hochgefahren (mit einer entsprechend einstellbaren Eingangsspannung).

Nach kurzer Zeit kamen schließlich die ersten Töne aus dem Lautsprecher, und das ohne das Wechseln eines einzigen Kondensators. Allerdings heißt das nicht, dass das Gerät in diesem Zustand dauerhaft in Betrieb genommen werden sollte. Viele der alten Kondensatoren können auch nach einiger Zeit des Betriebs des Radiogerätes noch einen Kurzschluss verursachen und im schlimmsten Fall sogar einen Brand auslösen. Ich wollte mit diesem Test nur überprüfen, ob die Grundfunktion noch gegeben ist und ob sich eine weitere Reparatur lohnt.

Die folgenden Arbeitsschritte dienten nur dazu, das Chassis gründlich von Rost und Dreck zu befreien und wieder in einen ansehnlichen Zustand zu versetzen. Da das Chassis zum Teil stark verrostet war, musste der Rost erst einmal so gut wie möglich entfernt werden.

Außerdem habe ich mich dazu entschlossen, anschließend einen Schutzlack aufzutragen. Die folgende Abbildung 7.4.2 zeigt das Radiogerät bzw. das Chassis mit der neuen Lackierung.

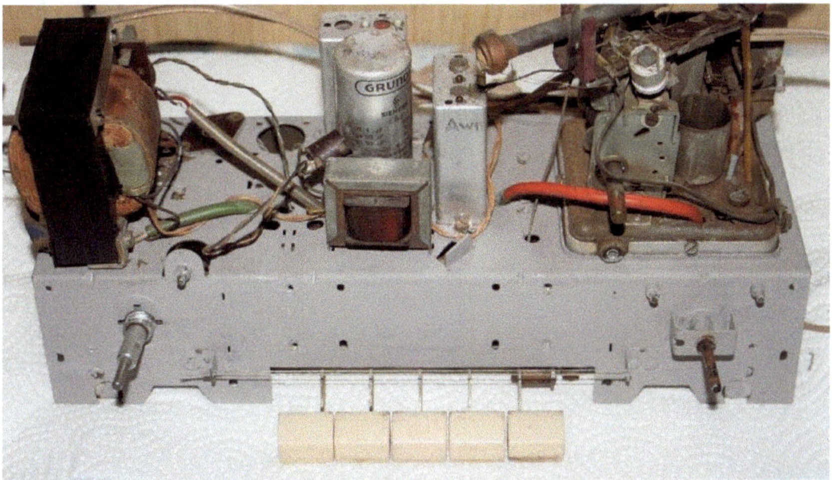

7.4.2 Neu lackiertes Radiochassis

7.5 Aufbereitung und weitere Reparaturen am Radiochassis

In den folgenden Arbeitsschritten wurden noch einige weitere Aufbereitungsarbeiten durchgeführt. So wurde beispielsweise das Hintergrundblech für die Radioskala neu lackiert, da dieses ebenfalls stark verschmutzt und verrostet war. Das Skalenseil war gerissen und musste ersetzt werden. Wer sich mit einer solchen Arbeit eher schwertut, sollte ruhig im Internet nachsehen. Dort gibt es zu vielen Radiomodellen Skalenpläne als Download, in denen die Verlegung der Skalenseile skizziert angegeben ist.

7.5.1 Ausgewechselte Kondensatoren

Außerdem mussten noch einige Kondensatoren ausgewechselt werden, um das Radiogerät wieder betriebssicher zu machen (siehe dazu auch die Abbildung 7.5.1). Nach dem Austausch der defekten und nicht mehr betriebssicheren Bauteile wurde das Radiochassis erneut in Betrieb genommen und überprüft.

Man könnte an dieser Stelle theoretisch noch diverse Abgleicharbeiten vornehmen, um die Empfangsteile für Langwelle, Mittelwelle und den Ultrakurzwellenbereich neu einzustellen. Allerdings habe ich auf solche Einstellarbeiten verzichtet, da mir dazu die Mittel fehlen und das Gerät einen sehr guten Empfang auf allen Wellenbereichen hat. Vor allem abends können auf Mittelwelle und Langwelle doch noch einige Sender empfangen werden.

Die folgende Abbildung 7.5.2 zeigt das Gerät während einer längeren Funktionsprobe, hier noch im ausgebauten Zustand. Es ist ratsam, während eines solchen Probelaufs (und auch beim späteren Betrieb des Röhrenradios) das Gerät nicht unbeaufsichtigt spielen zu lassen.

7.5.2 Das Radio während einer weiteren Funktionsprobe

Heute ist wohl hauptsächlich noch der UKW-Bereich von Interesse, da sich auf den anderen Wellenbereichen nur noch sehr wenig tut. Viele heutige Radiogeräte besitzen auch gar keinen Mittelwellenbereich mehr, ganz zu schweigen von Kurzwelle oder Langwelle.

Dieses Radiogerät hier besitzt keinen Standard-Röhrensatz. Dieser Standard-Röhrensatz wurde früher in sehr vielen Röhrenradios in einer typischen Zusammenstellung eingebaut. Es handelt sich bei diesem Gerät hier vielmehr um ein sehr einfach und sparsam aufgebautes Radio mit lediglich drei Röhren. In der folgenden Abbildung 7.5.3 ist der UKW-Tuner mit der ECC85 zu sehen.

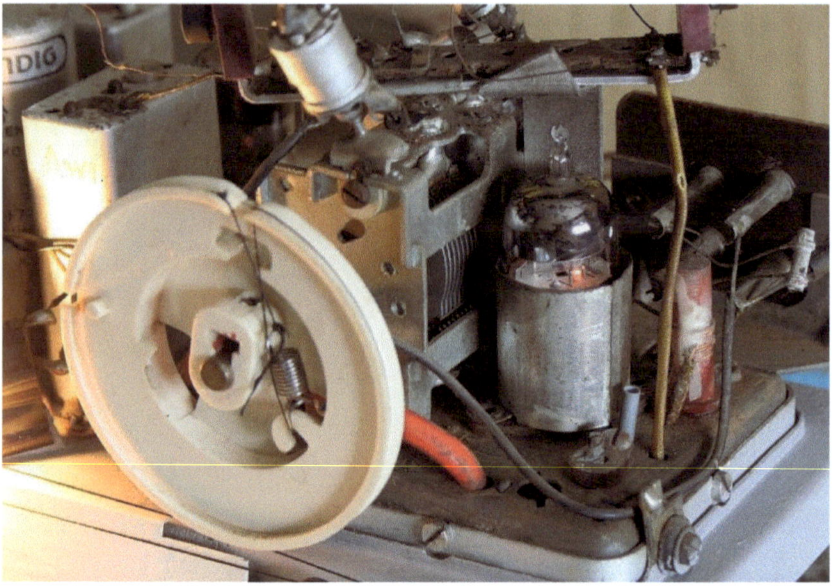

7.5.3 Der UKW-Tuner des Radiogerätes

7.6 Ein Röhrenradio mit Standard-Röhrensatz

Ein anderes Beispiel soll ein Röhrenradio zeigen, welches eine typische Röhrenbestückung für damalige Verhältnisse aufweist. Es handelt sich hier um das Gerät mit der Bezeichnung Loewe Opta Kantate 3721W mit dem Röhrensatz ECC85, ECH81, EF89, EABC80 und EL84. Als Magisches Band wurde in diesem Radiogerät eine EM84 eingesetzt. Auch dieses Gerät war in einem sehr schlechten Zustand, bevor es gründlich gereinigt und repariert wurde. In der folgenden Abbildung zu sehen sind die markierten Kondensatoren und Elektrolytkondensatoren, die noch ausgewechselt werden müssen. Auf der Oberseite des Radiochassis befinden sich noch einige weitere auszuwechselnde Bauteile, insbesondere am Ausgangsübertrager (nicht in der Abbildung zu sehen).

7.6.1 Radiochassis von unten gesehen mit markierten Bauteilen

Es sind vor allem die dunkelbraunen WIMA-Kondensatoren, die beiden Kondensatoren in einem bonbonähnlichen, weißen Gehäuse sowie ein paar Elektrolytkondensatoren, die unbedingt ausgewechselt werden müssen. Das an dieser Stelle vorgestellte Radio funktionierte auch wegen defekter Kondensatoren nicht mehr einwandfrei. Vor allem auf UKW war der Empfang nur noch sehr schlecht und leise. Außerdem sollten die Bauteile alleine schon wegen der Betriebssicherheit des Gerätes ausgewechselt werden. Weitere Hinweise zum Finden der richtigen Ersatztypen und zum Auswechseln der Kondensatoren finden Sie weiter hinten in diesem Kapitel.

Sehr leicht wird beim Austausch der Bauteile auch der eine oder andere Kondensator übersehen, obwohl in diesem Radio der Aufbau noch recht übersichtlich ist. Beim Austausch der Bauteile sollte darauf geachtet werden, dass sich keine Anschlussdrähte berühren, um Kurzschlüsse zu vermeiden. Am besten ist es immer, ein Bauteil nach dem anderen auszuwechseln und dabei auf die richtigen Anschlüsse der neuen Bauteile zu achten. Auch die Polarität beim Einbau der neuen Elektrolytkondensatoren sollte unbedingt beachtet werden. So kann es vorkommen, dass einer der Elektrolytkondensatoren mit dem Pluspol an Masse (quasi am Gerätechassis) angeschlossen wird.

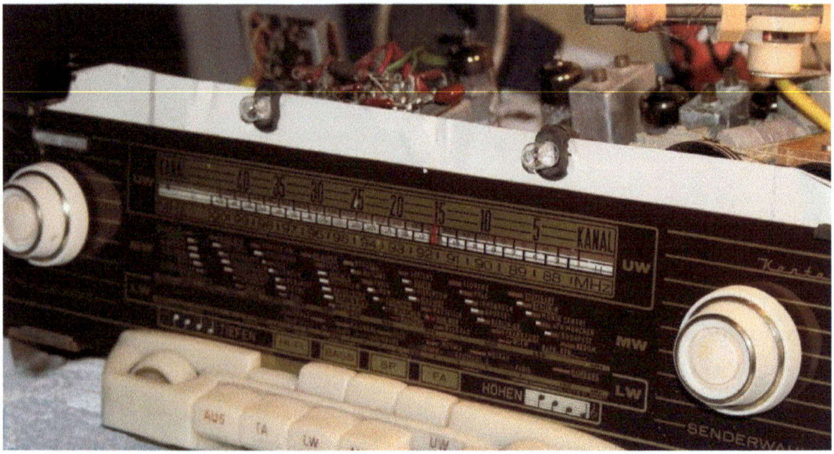

7.6.2 Das Radiochassis mit ausgewechselten Bauteilen

Bei diesem Radiogerät stellte sich allerdings noch ein weiterer Fehler heraus, der an dieser Stelle unbedingt erwähnt werden sollte:

Der Elektrolytkondensator im Netzteil war defekt. Er wies eine viel zu hohe Stromaufnahme auf, was während einer früheren Inbetriebnahme zum Ausfall des Gleichrichters führte. Die im Original mit einigen 100 mA bemessene Gerätesicherung wurde offensichtlich schon einmal durch eine wesentlich stärkere Sicherung ersetzt, da die mit der richtigen Amperezahl wahrscheinlich sofort wieder durchbrannte. Hier hatte ich noch Glück im Unglück, da zumindest der Netztransformator nicht weiter in Mitleidenschaft gezogen worden und noch funktionsfähig war. Der Elektrolytkondensator mit 2x50 µF sowie der Gleichrichter mussten allerdings ausgewechselt werden. Dies ist jedoch manchmal leichter gesagt als getan. Bei den Elektrolytkondensatoren war dies noch relativ einfach. Ich verwendete einfach zwei moderne Elektronikkondensatoren mit jeweils 47 µF. Es ist natürlich auf eine ausreichende Spannungsfestigkeit zu achten. Ich wählte Exemplare aus, die für eine Spannung von bis zu 400 Volt geeignet sind.

Als etwas problematischer stellte sich der Austausch des Gleichrichters heraus. Man könnte natürlich einfach Siliziumdioden (zum Beispiel 1N4007) nehmen, um daraus einen Zweiweggleichrichter zu bauen. Allerdings ist dies etwas problematisch, da Siliziumdioden einen wesentlich geringeren Spannungsabfall haben als die in den alten Röhrenradios meistens verwendeten Selengleichrichter. Die Folge ist eine zu hohe Anodenspannung, insbesondere während der Aufheizphase der Elektronenröhren.

Um die Anodenspannung zu verringern, können auch Widerstände eingesetzt werden, deren Werte müssen in der Regel experimentell ermittelt werden, um die richtige Anodenspannung zu erhalten. Ich verzichtete an dieser Stelle zunächst auf diese Vorgehensweise und setzte einen gebrauchten Selengleichrichter aus einem anderen Röhrengerät ein, der gleiche Werte hatte (B250 C75, 250 Volt, 75 mA).

Allerdings musste ich nach einiger Zeit des Betriebs feststellen, dass der Gleichrichter doch relativ heiß wurde. Messungen zeigten, dass an ihm etwa 40 Volt Spannung abfielen (normalerweise sollte es etwa die Hälfte sein). Daher musste ich später dann doch noch einen

Diodengleichrichter mit Vorwiderständen als Ersatzschaltung für den alten Selengleichrichter einbauen. Wegen der höheren Ausgangsspannung wurden noch zwei zusätzliche Widerstände mit einer Leistung von 10 Watt an den Ausgang des Gleichrichters geschaltet. Die benötigten Widerstandswerte wurden rechnerisch und experimentell ermittelt. Das Ergebnis war eine kleine Platine mit den benötigten Dioden und Widerständen. In der Abbildung 7.6.3 sehen Sie das Prinzipschaltbild. Es zeigt, wie eine solche Gleichrichterschaltung mit Dioden und Widerständen aussehen sollte. Auf die Angabe von Widerstandswerten wurde bewusst verzichtet, da diese je nach Gerät und benötigter Anodenspannung sowie nach der Stärke des vorher gemessenen Anodenstroms individuell ermittelt werden müssen.

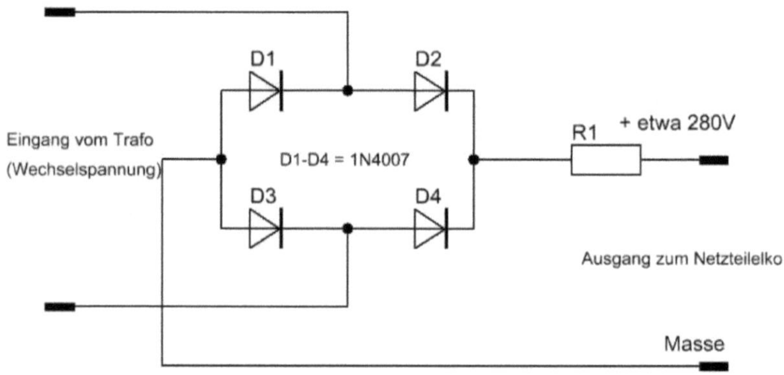

7.6.3 Gleichrichterschaltung mit Dioden und Widerstand

Die beiden neuen Elektrolytkondensatoren wurden übrigens unter dem Radiochassis eingebaut, der originale Elektrolytkondensator wurde aus dem Gerät entfernt. Auf dem Radiochassis zu sehen ist in der folgenden Abbildung noch der später durch die Diodenschaltung ersetzte Selengleichrichter.

Natürlich wurde auch die Sicherung wieder durch eine mit dem korrekten Amperewert ersetzt. Dies ist notwendig, damit der Netztransformator im Falle eines Kurzschlusses oder Defekts nicht überhitzt und dadurch zerstört wird. Ein passender Netztrafo ist, wenn überhaupt, in der Regel nur durch das Ausschlachten eines baugleichen Gerätes zu bekommen. Er sollte deshalb ausreichend abgesichert sein.

Während eines Probelaufs sollte übrigens auf eine eventuelle Hitzeentwicklung im Gerät geachtet werden, die vom Gleichrichter oder vom Netztrafo ausgeht. Aus Sicherheitsgründen sollte beim Hantieren innerhalb des Radiogerätes immer vorher der Netzstecker gezogen werden. Dies gilt nicht nur für die so genannten Allstromgeräte, sondern im Prinzip für alle mit der Netzspannung betriebenen Geräte, bei denen eine Gefahr durch einen elektrischen Schlag besteht.

7.6.4 Das wieder in das Gehäuse eingebaute Radiochassis während des Betriebs (hier noch mit Selengleichrichter rechts im Bild)

7.7 Noch einige Hinweise zur Radioreparatur

Die Reparatur und die Wiederinbetriebnahme solcher alter Röhrenradios ist sicher eine sehr interessante Angelegenheit, bei der man auch sehr viel lernt. Allerdings sollte an dieser Stelle darauf hingewiesen werden, dass solche Reparaturen nichts für Anfänger auf diesem Gebiet sind. Ich wollte mit den Beiträgen in diesem Buch lediglich aufzeigen, wie eine solche Inbetriebnahme bzw. Reparatur aussehen kann. Auf die Restaurierung von Radiogehäusen wurde ganz bewusst nicht weiter eingegangen. Es würde auch zu weit führen, auf sämtliche Eventualitäten einzugehen, welche es bei der Reparatur solcher alter Geräte zu beachten gibt. Ein paar zum größten Teil der Sicherheit dienende Hinweise möchte ich zum Schluss dieses Kapitels dennoch aufführen:

- Die Geräte sollten nach der Reparatur zumindest anfangs immer nur kurzzeitig in Betrieb genommen werden, dabei ist jedoch auf Auffälligkeiten zu achten (verbrannter Geruch, Rauchentwicklung oder Ähnliches).
- Die Aufheizphase der Röhren sollte wenn möglich abgewartet werden, da ein Anodenstrom erst nach einigen Sekunden beginnt zu fließen und der Netzteilelko sich dann nach dem Abschalten des Gerätes auch wieder relativ schnell entlädt.
- Während der Aufheizphase der Elektronenröhren ist die Spannung am Netzteilelko wesentlich höher als beim späteren Betrieb des Gerätes.

- Es können an verschiedenen Kondensatoren noch hohe Spannungen anliegen, und zwar auch nach dem Abschalten des Gerätes.
- Viele der alten Radiogeräte enthalten Kondensatoren, die zwischen die Netzleitung und das Chassis geschaltet wurden. Ist ein solcher Kondensator defekt, kann im ungünstigsten Fall die volle Netzspannung auf dem Chassis liegen. Außerdem kann es beim Anschluss von Messgeräten zu einem Auslösen des FI-Schalters kommen.
- Ob ein solcher Kondensator vorhanden ist, kann sehr gut mithilfe des Schaltbildes überprüft werden.
- Kondensatoren zwischen der Anode einer Röhre und Masse sollten besonders kritisch betrachtet und im Zweifelsfall ausgewechselt werden, dabei ist natürlich auf eine ausreichende Spannungsfestigkeit zu achten.

7.8 Der Austausch von Kondensatoren in Röhrengeräten

Es ist manchmal gar nicht so einfach, passenden Ersatz für defekte Kondensatoren oder Elektrolytkondensatoren zu finden. Viele der in den alten Geräten enthaltenen Kondensatorwerte gibt es gar nicht mehr im regulären Elektronik-Bauteilehandel zu kaufen. Oft muss daher auf heute noch erhältliche Standardbauteile zurückgegriffen werden. In der Regel ist dies auch kein Problem. Auch wenn die Kapazitätswerte unter Umständen etwas von den Originalwerten der ursprünglich verbauten Kondensatoren abweichen (ein Beispiel: 4700pF statt 5000pF), funktionieren die Geräte nach dem Bauteileaustausch wieder sehr gut. Das gilt natürlich nur dann, wenn keine weiteren Bauteile defekt sind oder das Gerät arg verstellt ist. Die Kapazität wird übrigens in Farad angegeben. Abgeleitet wurde diese Einheit vom englischen Naturforscher Michael Faraday. Bei den Kondensatoren wird die Kapazität in der Regel in Pikofarad (pF), Nanofarad (nF) oder Mikrofarad (µF) angegeben.

Leider sind die Hersteller der Kondensatoren in der heutigen Zeit mit ihren Beschriftungen im Gegensatz zu den Beschriftungen auf den alten Bauteilen sehr sparsam. Meistens sind gar keine Einheiten mehr auf den Bauteilen mehr abgedruckt. Häufig finden Sie hier nur Zahlenwerte, die auf den ersten Blick etwas befremdlich und mehr irritierend wirken dürften. Ausnahmen bilden meist die in den Geräten verbauten Elektrolytkondensatoren, bei denen die Kapazität in µF quasi im Klartext angegeben wurde. Auf den anderen Kondensatoren lesen Sie dann zum Beispiel Beschriftungen wie folgende:

100n, 104M, 100p, 474K, 473J oder reine Zahlenwerte wie 100, 103, 222, um nur einige Beispiele zu nennen

Natürlich haben auch solche Beschriftungen eine Bedeutung und geben die Kapazitätswerte sowie die Toleranz entsprechend an. Zunächst geht es um die Berechnung der Kapazitätswerte. Sie wird wie folgt durchgeführt:

1 µF = 1000 nF = 1000000 pF

0,1 µF entsprechen demnach einen Wert von 100 nF. 1000 pF entsprechen 1 nF und so weiter. Um den Austausch alter Kondensatoren etwas zu erleichtern und um passenden Ersatz zu finden, ist hier eine kleine Umrechnungstabelle zu sehen, in der einige typische Kapazitätswerte und die entsprechenden Aufdrucke auf den Kondensatoren angegeben sind.

Aufdruck	Alternativ	Angabe pF	Angabe nF	Angabe µF
100	100p, 101	100		
102	1n	1000	1	0,001
103	10n	10000	10	0,01
104	100n, .1	100000	100	0,1
222	2n2	2200	2,2	0,0022
472	4n7	4700	4,7	0,0047
473	47n	47000	47	0,047
474	.47, 0.47	470000	470	0,47

Man könnte diese Liste noch wesentlich länger fortführen, allerdings geht es hier mehr um das Umrechnungsprinzip und um die Art und Weise, wie der Aufdruck auf den Bauteilen erfolgt. In den ersten beiden Spalten sehen Sie einige Beispiele für Aufdrucke auf den Kondensatoren. Häufig sind die Angaben zum Kapazitätswert und zu der Anzahl der Nullen zu finden, wobei die Angabe der Kapazität bei dieser Art der Beschriftung in der Regel in pF erfolgt. So bedeutet der Aufdruck 472 einen Wert von 47 mit zwei Nullen, also 4700, die Kapazität wird hierbei in pF (Pikofarad) angegeben. Ein Aufdruck bestehend aus den Ziffern 104 bedeutet eine 10, gefolgt von vier weiteren Nullen, also 100000 pF bzw. 100 nF (siehe Umrechnungstabelle) oder 0,1 µF. Alternativ sind auch Angaben wie 101 zu finden, also der Wert 10 mit einer zusätzlichen Null, demnach also 100 pF. Manchmal wird auch ein Buchstabe als Ersatz für ein Kommazeichen angegeben, wobei der Buchstabe für die Einheit der Kapazität steht. Ein typisches Beispiel ist ein Aufdruck wie 4n7, der für eine Kapazität von 4,7 nF steht.

Zugegeben, die Angaben sind zum Teil etwas verwirrend, besonders für Anfänger auf diesem Gebiet. Bereits nach kurzer Zeit sollte sich allerdings ein Verständnis für die grundsätzliche Vorgehensweise zum Ablesen der Beschriftungen auf den Kondensatoren einstellen. Das gilt besonders dann, wenn Sie häufiger mit den Bauteilen hantieren und es dadurch mit den unterschiedlichsten Angaben zu den Kapazitätswerten zu tun haben. Ich hoffe, die Tabelle hilft Ihnen dabei etwas. Selbstverständlich gilt das gleiche Prinzip der Umrechnung auch für andere Kapazitätswerte wie zum Beispiel 5,6 nF (alternativ 5600 pF) oder alle anderen Zahlenangaben. Übrigens sind auch die Toleranzwerte auf den Bauteilen angegeben. Bei vielen modernen Kondensatoren steht das K für eine Toleranz von 10 %, das J für eine Toleranz von 5 %.

Kapitel 8: Beispiel: Reparatur eines Röhren-Tonbandgerätes

Es geht ja hier in diesem Buch nicht nur um Röhrenradios, sondern auch um andere, mit Elektronenröhren bestückte Geräte. Ein Beispiel ist ein Röhrentonbandgerät, wie dieses in den 1950er Jahren relativ oft verkauft wurde. Es handelt sich um ein Koffertonbandgerät des Typs Saja MK4 mit der Röhrenbestückung ECC81, EF86, EC92, EL95 und EM71, das einen recht einfachen Aufbau aufweist, ebenso eine relativ einfache und unanfällige Mechanik. Wenn Sie sich für die Wiederinbetriebnahme eines solchen Gerätes interessieren, greifen Sie am besten auf einfache Geräte zurück, wie diese in der damaligen Zeit von verschiedenen Herstellern angeboten wurden. Es gibt sie auch heute noch in recht großer Anzahl gebraucht zu kaufen. Die folgende Abbildung ist ein typisches Beispiel für ein Tonbandgerät, wie dieses möglicherweise in irgendeinem Keller oder auf dem Dachboden vorzufinden ist.

8.1 Eine erste Bestandsaufnahme

Etwa so wie in der folgenden Abbildung ist ein altes Röhrentonbandgerät oft vorzufinden. Mit etwas Glück ist es noch in einem nicht verbastelten Zustand. Leider ist dies jedoch nicht immer der Fall, wie auch das Beispiel noch zeigen wird. In diesem Gerät wurden früher schon einmal einige Bauteile ausgewechselt. Es funktioniert zwar soweit (was auch bei einigen alten Tonbandgeräten der Fall ist), sollte aber aus Gründen der Sicherheit trotzdem überprüft werden.

8.1.1 Altes Röhrentonbandgerät (Saja MK4)

Aufmachen, Stecker rein, einschalten und sehen, was passiert? Lieber nicht, denn wer weiß, wann so ein Tonbandgerät das letzte Mal in Betrieb war und ob das ganze Vergnügen nicht durch einen lauten Knall und einen Folgeschaden ein jähes Ende findet. Einen Blick in das Gerät werfen, das gehört aber natürlich schon dazu.

Unter dem Deckel kommt dann meist so etwas zum Vorschein wie in der nebenstehenden Abbildung. Ein altes Band liegt noch auf den Wickeltellern. Hier handelt es sich zwar um ein nicht aus derselben Zeit wie das Tonbandgerät stammendes Band, dennoch enthalten viele der alten Geräte noch ein Tonband, teilweise sind sogar noch stapelweise alte Tonbänder dabei. Doch zurück zu diesem Tonbandgerät hier. Es ist ein sehr einfaches Tonbandgerät, welches tatsächlich nur die wichtigsten Funktionen zur Verfügung stellt, nämlich die Aufnahme von Radio oder Mikrofon und natürlich die Wiedergabe des Bandes, hier übrigens mit zwei Spuren und in Mono. Die Bandgeschwindigkeit beträgt 9,5 Zentimeter pro Sekunde. Das Tonbandgerät zeigt natürlich schon einige Gebrauchsspuren, ist aber noch in einem recht guten Zustand, wenn man das Alter des Gerätes berücksichtigt. Wie sehen nun aber die ersten Überprüfungen bzw. Schritte aus?

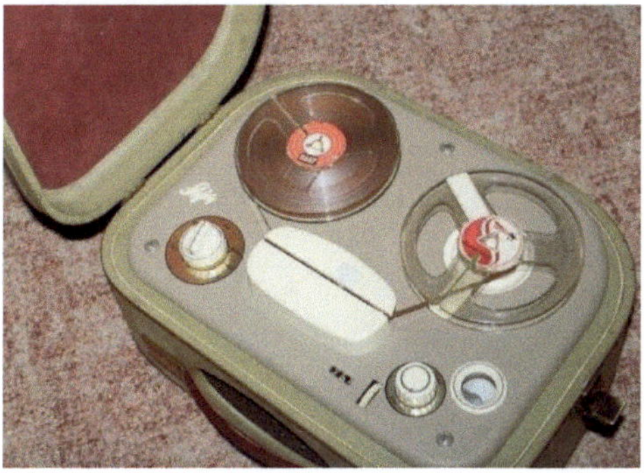

8.1.2 Das Gerät mit geöffnetem Koffer

8.2 Die nächsten Schritte zur Bestandsaufnahme

Zunächst sollten Sie sich vom allgemeinen Zustand des Gerätes überzeugen, was die Technik angeht. Dazu gehört es beispielsweise, dass die Beweglichkeit der entsprechenden Bedienelemente und Spulen überprüft wird. Gerne sind schon einmal die Drehregler eines solchen Gerätes sehr schwergängig, ebenso weitere bewegliche Teile der Mechanik in einem solchen Tonbandgerät. Danach kann eine genauere Bestandsaufnahme erfolgen, bei der auch das Gerät geöffnet wird. Die folgenden Erläuterungen und

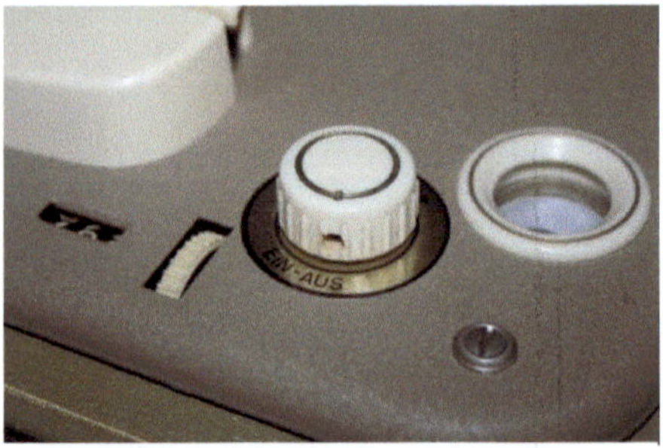

8.2.1 Drehregler für Lautstärke

Abbildungen zeigen, wie dabei anhand des Beispiels vorgegangen wurde.

So zeigt sich nach dem Abnehmen der oberen Gehäuseplatte meist ein ähnliches Bild wie in der folgenden Abbildung.

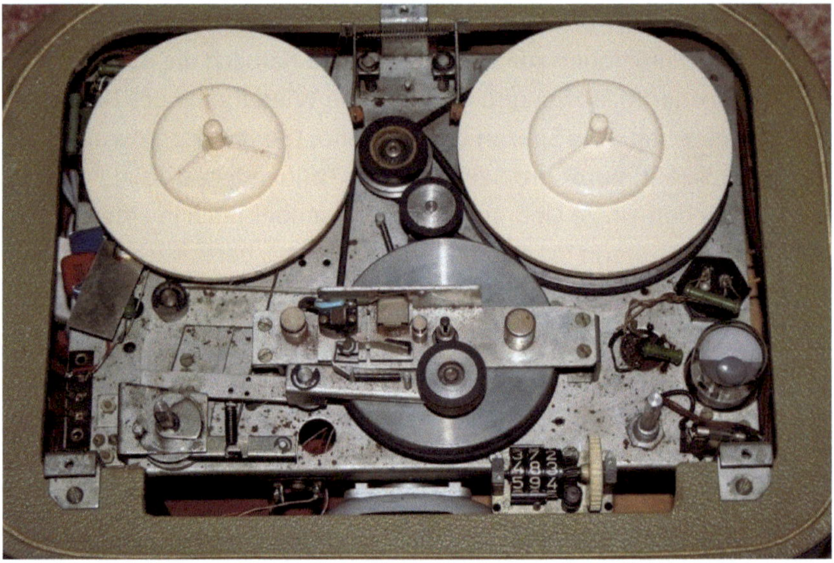

8.2.2 Das Tonbandgerät mit abgenommener oberer Abdeckung

Eine einzige Röhre ist hier zu sehen, nämlich ein so genannter Magischer Fächer des Typs EM71. Wird ein solches Bauteil in einem alten Röhrengerät vorgefunden, sollten Sie damit sehr vorsichtig umgehen. Diese Bauteile sind inzwischen sehr rar geworden. Von der übrigen Elektronik ist hier noch nicht allzu viel zu sehen. Einige der Bauteile verstecken sich unter dem linken Wickelteller, die weiteren Röhren sowie Kondensatoren, Widerstände und andere Bauteile auf der Unterseite des Gerätechassis. Dieses muss ausgebaut werden, soll eine gründliche Überprüfung des Tonbandgerätes stattfinden. Auch einige Bauteile unter dem linken Wickelteller sollten in Augenschein genommen werden, da sich dort inzwischen sicherlich auch einige nicht mehr funktionsfähige Kondensatoren befinden, die dringend ausgewechselt werden sollten.

Trotzdem können hier bereits einige Überprüfungen der Mechanik stattfinden, zum Beispiel auf Gangbarkeit des Hauptschalters für die Laufwerksfunktionen auf der linken Seite (siehe die kleine Abbildung). Auch kann über diesem Wege der Lautstärkeregler leichtgängig gemacht werden, sollte dieser sich nicht mehr ohne Weiteres drehen lassen. Bei der Überprüfung solcher Geräte sollten Sie unbedingt davon Abstand nehmen, die Drehregler oder Knöpfe mit Gewalt zu drehen, da diese dabei kaputtgehen können. Es handelt sich oft um sehr zerbrechliche Kunststoffe, die für solche Drehknöpfe verwendet wurden. Einen Ersatz bekommen Sie in der Regel nicht mehr ohne Probleme, es sei denn, Sie haben ein baugleiches Gerät als Ersatzteilspender.

8.2.3 Drehschalter für die Laufwerksfunktionen

8.3 Das Gerätechassis aus dem Koffer ausbauen

Um eine weitere Überprüfung vorzunehmen, musste das Gerät aus dem Koffer ausgebaut werden. Hier lauert eine weitere, nicht zu unterschätzende Gefahr. Beim Ausbau des Gerätechassis reißen sehr schnell die Anschlusskabel für den im Koffer verbauten Lautsprecher ab. Dieser Aufbau ist bei sehr vielen Koffertonbandgeräten aus der damaligen Zeit vorzufinden, darunter auch bei vielen Geräten von anderen Herstellern wie beispielsweise Grundig. Erst einige spätere Geräte sind mit abnehmbaren Abdeckungen auf der Oberseite sowie auf der Unterseite versehen worden, so dass kein Ausbau des kompletten Chassis mehr erforderlich ist.

8.3.1 Der Lautsprecher im Koffer des Tonbandgerätes

Sollten Sie ein solches Gerät auseinander bauen wollen, gehen Sie also sehr vorsichtig vor, damit die Lautsprecherkabel nicht abreißen und dabei möglicherweise der Lautsprecher beschädigt wird. Der Ausbau selbst ist manchmal eine Geduldsarbeit, da die Einbauöffnung im Koffer oft sehr eng gehalten ist. Dennoch sollte der Ausbau im Großen und Ganzen unproblematisch sein. Erfreulicherweise sind viele der Anschlusskabel für den integrierten Lautsprecher doch relativ lang, so dass für den Ausbau genügend Spielraum bleibt.

8.4 Nach dem Ausbau des Gerätechassis

Nach dem Ausbau des Gerätes aus dem Gehäusekoffer konnte das Gerät schließlich etwas genauer unter die Lupe genommen werden. Alle Teile der Mechanik sind soweit zugänglich, ebenso ein großer Teil der Elektronik, sofern sich diese nicht unter anderen Bauteilen oder Baugruppen befindet. Dies ist bei diesem Gerät bei einem Großteil der Verstärkerelektronik der Fall. Diese befindet sich unter dem linken Wickelteller. Einige der Bauteile sind auch von der Unterseite des Gerätechassis aus zugänglich, wie die folgende Abbildung 8.4.1 zeigt. Sie sehen hier einen Blick unter das Gerätechassis.

8.4.1 Das Netzteil und die Endstufe des Tonbandgerätes

Am linken Bildrand befindet sich der Netztransformator. Dieser dient dazu, die Heizspannung für die Röhren und die hohe Anodenspannung zur Verfügung zu stellen. Das schwarze Bauteil, ebenfalls links im Bild zu sehen, ist der Gleichrichter. Direkt darunter befindet sich der große Becherelko zum Glätten der Ausgangsspannung vom Gleichrichter.

Diese Bauteile könnten im Laufe der Jahre funktionsunfähig geworden sein. Der Gleichrichter kann eine zu hohe Verlustspannung aufweisen, die Ausgangsleistung wäre demnach viel zu gering. Der Elektrolytkondensator (Becherelko) kann einen Leckstrom aufweisen, dadurch wird bei einer sofortigen Inbetriebnahme ohne vorherige Überprüfung der Gleichrichter überlastet, wodurch dieser ebenfalls Schaden nehmen kann. Im schlimmsten Fall kann dabei auch der Transformator überlastet werden. Ein einziger Fehler kann also gleich mehrere Folgefehler nach sich ziehen.

Rechts unten in Bild 8.4.1 (mit der Aufschrift ERO) befindet sich ein weiteres Bauteil, das einer genaueren Überprüfung bedarf. Es handelt sich hier um einen mit einer Teermasse vergossenen Kondensator aus der Mitte des vergangenen Jahrhunderts, der mit einer hohen Wahrscheinlichkeit nicht mehr funktionsfähig ist und daher ausgewechselt werden sollte. Etwas weiter hinten im Bild befinden sich drei weitere Elektrolytkondensatoren mit einer Kapazität von 4 µF. Auch diese Bauteile können mittlerweile defekt sein. Eher unproblematisch sind dagegen die Ausgangsübertrager für die Röhrenendstufen, wie einer in der folgenden Abbildung zu sehen ist. Bei einigen Geräten jedoch sind an diesen Übertragern weitere Kondensatoren für hohe Spannungen angebracht, die gegebenenfalls überprüft oder gleich ausgewechselt werden sollten. Dies ist zum Beispiel bei einigen Geräten von Grundig der Fall.

Die Endstufe in diesem Tonbandgerät ist übrigens mit einer EL95 bestückt, diese ist in der Einbauausführung MC4 nicht vorhanden.

8.4.2 Der Ausgangsübertrager in diesem Tonbandgerät

8.5 Weitere Kondensatoren und mögliche Defekte

Genauer inspiziert wurde ebenfalls der weitere Vorverstärkerteil, welcher mehrere Röhren enthält sowie auch einige defekte Kondensatoren. In der folgenden Abbildung zu sehen 8.5.1 ist ein Kondensator, der nicht mehr original ist und noch ausgewechselt werden soll. Außerdem wurde eine Oszillatorspule mit einem Kabelbinder befestigt, die sich wohl gelockert hatte. Dies sind natürlich keine besonders fachmännischen bzw. sachgerechten Reparaturen, wenn sie auch ihren Zweck erfüllen. Auch hier wurde im Laufe der Reparatur noch einiges verändert, so wurde der

Kondensator durch einen mit dem richtigen Kapazitätswert ausgewechselt, auch die Befestigung der Spule folgte auf eine etwas geeignetere Art, die dem übrigen Aufbau des Gerätes besser entsprach.

8.5.1 Befestigte Spule und vorher schon einmal gewechselter Kondensator

Ein weiterer großer Teil der Elektronik befindet sich wie schon erwähnt unter dem linken Wickelteller. Die folgende Abbildung 8.5.2 zeigt eine solche Elektronik, allerdings stammt dieses Bild von einem MC4, der Einbauausführung des Tonbandgerätes ohne eigenen Endverstärker.

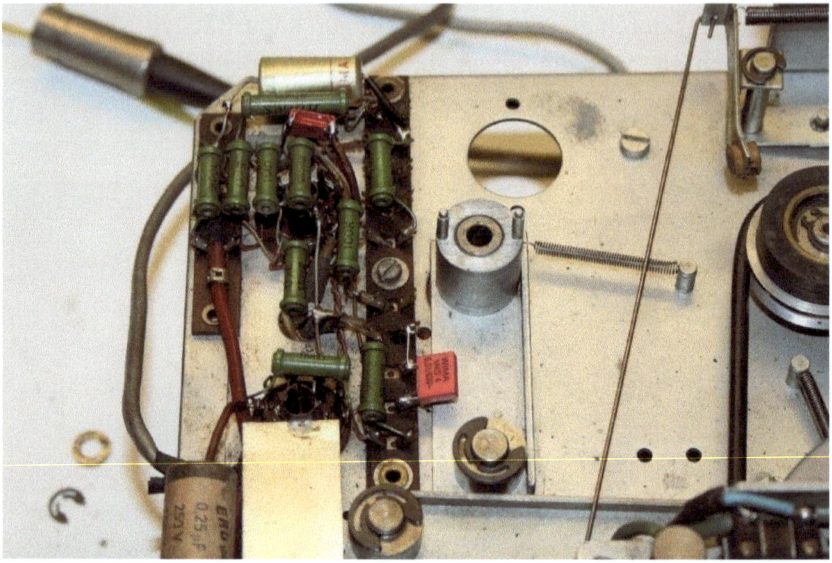

8.5.2 Verstärkerelektronik in einem Saja MC4

Auch hier wurden einige der Kondensatoren bereits ausgewechselt, andere sind noch im Original vorhanden und müssen ausgetauscht werden, darunter der Kondensator mit einer Kapazität von 0,25 µF vorne links im Bild. Sie sehen bereits einige gewechselte Kondensatoren (die roten Kondensatoren von WIMA).

8.6 Weitere Überprüfungen und Reparaturen

Angetrieben wird das kleine Tonbandgerät von einem sehr großen Motor, der zentral sitzt und in der folgenden Abbildung 8.6.1 zu sehen ist. Normalerweise sind diese Geräte recht unproblematisch und unanfällig. Natürlich kann es vorkommen, dass im Laufe der Jahrzehnte die alten Schmiermittel entfernt und durch neue ersetzt werden müssen, da die Mechanik dann doch irgendwann einmal schwergängig und nicht mehr einwandfrei funktionsfähig ist.

8.6.1 Antriebsmotor im MK4

Beim Auftragen neuer Schmiermittel sollte allerdings immer sehr vorsichtig vorgegangen werden, damit keine Öle oder sonstige Dinge an Stellen gelangen, wo sie nicht hingehören. Auf die Mechanik soll an dieser Stelle auch gar nicht so sehr eingegangen werden. Der Vorteil bei den Tonbandgeräten besteht darin, dass keine Reparaturen am Empfängerteil und damit meistens ebenfalls erforderliche Abgleicharbeiten notwendig sind, wie diese bei älteren Radios häufig durchgeführt werden müssen. Dennoch bieten auch die Tonbandgeräte meist einen recht guten Klang, wenn die Aufnahmen entsprechend sind.

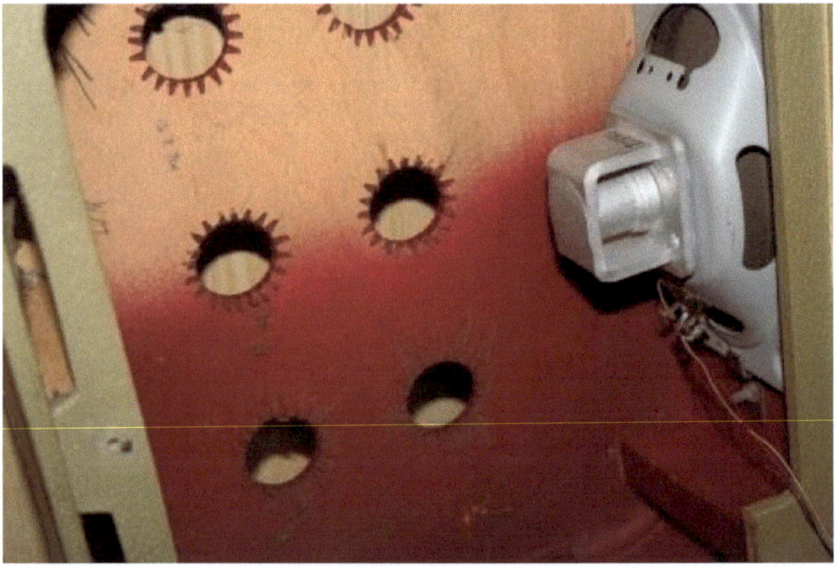

8.6.2 Lautsprecher im MK4

Verantwortlich dafür ist auch der in vielen Geräten eingebaute Lautsprecher, der in Verbindung mit einer Röhrenendstufe nicht selten einen doch recht satten Klang bietet. Zwar ist der Klang meistens nicht so gut wie in einem Röhrenradio (schließlich ist auch der Lautsprecher wesentlich kleiner), dennoch macht es sehr viel Spaß, solche Geräte wieder zu neuem Leben zu erwecken. Niemals vergessen werden sollten bei solchen Reparaturarbeiten allerdings die einschlägigen Sicherheitsvorkehrungen, denn die eigene Sicherheit ist bei jedem Hobby das Wichtigste.

Kapitel 9: Röhrengeräte ausschlachten

Auch alte Röhrengeräte wie Röhrenradios, Tonbandgeräte oder Fernseher enthalten viele wertvolle Bauteile, die man erhalten sollte, sei es nun zur Reparatur anderer Geräte oder einfach nur zum Basteln. Dabei geht es nicht nur um die Elektronenröhren selbst, sondern auch zahlreiche andere Bauteile, die sich später einmal als sehr wertvoll erweisen können.

9.1 Einige interessante Bauteile

Sowohl bei der Reparatur als auch beim Basteln werden elektronische Bauteile benötigt. Nicht immer erhalten Sie diese Bauteile noch problemlos im Elektronik-Fachhandel. Viele der Bauteile werden entweder gar nicht mehr hergestellt oder sind nur noch zu sehr hohen Preisen zu haben. Meistens sind es alte Restbestände (oft auch bezeichnet als NOS, New Old Stock, was soviel heißt wie neu aus altem Lagerbestand), die zum Teil zu sehr hohen Preisen verkauft werden. In diesem Abschnitt werden Ihnen einige der Bauteile genannt, die für den Bastler interessant sind. Hier sind einige davon:

- Natürlich an erster Stelle genannt werden sollten die Elektronenröhren, die als Ersatz für defekte Geräte oder zum Aufbauen eigener Schaltungen verwendet werden können.

- Auch die Netztrafos aus solchen alten Geräten können später einmal von Interesse sein. Allerdings sollten Sie bei der Verwendung der Trafos sehr vorsichtig sein, und zwar aufgrund der sehr hohen Ausgangsspannungen. Außerdem kann es sich gegebenenfalls sogar um so genannte Spartransformatoren handeln, die keine Netztrennung haben.
- Gleichrichter und Elektrolytkondensatoren sind ebenfalls wertvolle Bauteile, die für den Ersatz in defekten Geräten verwendet werden können, sofern sie noch in Ordnung sind.
- Besonders für den Aufbau eigener Verstärkerschaltungen interessant sind neben den entsprechenden Elektronenröhren die Ausgangsübertrager. Sie gehören zu den Bauteilen, die man heute nur noch sehr schwer und dann auch meist recht teuer bekommt.
- Zum Aufbau eigener Empfängerschaltungen werden meist Drehkondensatoren benötigt. Sie finden sich in meist sehr hochwertiger Form in alten Radiogeräten.
- Ebenfalls erwähnt werden sollten die in den alten Geräten verwendeten Lautsprecher und gegebenenfalls elektrostatische Hochtöner, die perfekt auf die Röhrenendstufen abgestimmt sind.
- Interessant sind oft auch die ausgebauten Röhrensockel, besonders die aus sehr alten Geräten aus der Vorkriegszeit oder aus den 1940er Jahren.
- Auch Spulen, Bandfilter und Ferritantennen sind für viele Radiobastler zum Aufbauen eigener Schaltungen interessant.
- Mechanische Bauteile aus Tonbandgeräten sind für die Reparatur anderer Geräte nützlich. Man bekommt hier meist nur sehr schwer oder gar nicht mehr entsprechende Ersatzteile.

- Für die Reparatur und Instandsetzung anderer Geräte interessant sind Knöpfe, Skalenscheiben, Rückwände oder sonstige Bauteile in gerätespezifischer Form.

In der folgenden Abbildung 9.1.1 sehen Sie einige Bauteile, darunter einige noch brauchbare Elektronenröhren. Diese eignen sehr gut zum Aufbau eigener Schaltungen. Aber auch für die Reparatur älterer Geräte oder einfach zum Experimentieren sind sie brauchbar.

9.1.1 Netzteilelko, Röhren, Röhrensockel, Gleichrichter und Drehkondensator

9.2 Was bei der Weiterverwendung der Bauteile beachtet werden sollte

Die Verwendung alter Bauteile aus Röhrengeräten wie Radios, Fernsehern oder Tonbandgeräten ist nicht ganz risikolos. Bedenken Sie immer, dass die Bauteile viele Jahrzehnte alt sind und gegebenenfalls mehrere Jahrzehnte nicht mehr unter Strom gestanden haben, also quasi nicht in Betrieb waren. Besonders gilt dies für alte Elektrolytkondensatoren aus Netzteilen für Röhrenradios oder aus anderen Geräten. Diese können zwar auf den ersten Blick noch intakt sein, aber bereits nach kurzer Zeit ausfallen und im schlimmsten Fall einen Kurzschluss oder sogar einen Brand verursachen.

Ähnliches gilt übrigens auch für alte Selengleichrichter aus solchen Geräten, die im Laufe der Jahrzehnte möglicherweise einen zu hohen Spannungsabfall produzieren. Dieser Spannungsabfall sorgt für eine sehr starke Erwärmung des Bauteils. Sollten Sie einen solchen Gleichrichter einsetzen wollen (einen ähnlichen wie in der vorangegangenen Abbildung), achten Sie außerdem darauf, dass dieser an einem Kühlkörper bzw. auf einer Kühlfläche (beispielsweise ein Gerätechassis) angebracht werden muss. Interessant sind auch die immer wieder gerne verwendeten Lautsprecher aus solch alten Geräten, die oft einen hervorragenden Klang haben. Dies sind alte und mache, sehr große Lautsprecher aus Röhrenradios, wie einer in der folgenden Abbildung 9.2.1 zu sehen ist.

9.2.1 Lautsprecher in einem alten Röhrenradio

Diese alten Lautsprecher sollten keinesfalls unterschätzt werden. Sie haben zwar keine Leistung von mehreren 100 Watt, dafür sind sie aber sehr gut auf die Röhrenendstufen abgestimmt. Sie haben daher bereits bei relativ geringen Ausgangsleistungen einen sehr guten Klang und eine ordentliche Lautstärke. Die Röhrenendstufen in alten Radiogeräten haben oft nur Ausgangsleistungen von 5 bis 10 Watt oder weniger.

Es kommt letzten Endes immer darauf an, ob es beim Hobby mehr um die Reparatur und Instandsetzung alter Geräte geht oder einfach um das Aufbauen eigener Schaltungen und um den Spaß am Basteln. Gerade für Letzteres lassen sich sowohl die Elektronenröhren als auch die Sockel und Drehkondensatoren (ebenfalls in der vorangegangenen Abbildung 9.1.1 zu sehen) sehr gut einsetzen.

Die Röhrensockel können sehr gut verwendet werden, um Anschlusskabel anzulöten und diese zum probeweisen Aufbau von Röhrenschaltungen mithilfe eines Steckboards zu verwenden. Selbstverständlich können Sie die Sockel auch in eigene Geräte einbauen. Dies gilt sowohl für die Printsockel zum Einlöten in Platinen als auch für die in den Gerätechassis eingesetzten Röhrensockel. Viele alte Geräte lassen sich nicht mehr ohne Weiteres reparieren. In einigen Fällen lohnt sich auch einfach die Reparatur nicht mehr, wenn man nur noch eine Ruine eines alten Radiogerätes mit vielen fehlenden Bauteilen vor sich stehen hat.

Irgendetwas von den alten Geräten lässt sich aber meistens doch wiederverwerten. Oft sind es nur ein paar wenige, dafür aber sehr wertvolle Bauteile. Es gibt kaum ein altes Gerät, das überhaupt keine brauchbaren Bauteile mehr enthält und daher komplett entsorgt werden müsste.

Stichwortverzeichnis